# Android 项目开发实战教程

主　编◎彭　勇　郑慧君　董崇杰

副主编◎汪　嘉　叶广仔

清华大学出版社

北　京

## 内 容 简 介

本书是一部Android开发的实战教程，由浅入深、由基础到高级，涵盖Android应用开发的常见知识点，带领读者一步一步地掌握Android应用项目开发的方法。本书以新闻客户端项目为主线，从项目的需求分析、产品设计、产品开发到项目上线，讲解了项目开发的全过程。全书共分为7章。第1章针对项目进行整体介绍。第2章针对项目功能界面的设计进行讲解。第3～6章针对软件功能模块进行讲解，包括新闻模块、图片中心模块、推荐视频模块、“我”的界面模块。第7章针对项目上线进行讲解。

本书适用于Android开发的程序员及从业者、有志于从事Andriod开发的业余爱好者，也可作为大中专院校与培训机构的Android课程教材。



**图书在版编目（CIP）数据**

Android项目开发实战教程 / 彭勇，郑慧君，董崇杰主编. —北京：清华大学出版社，2021.9
ISBN 978-7-302-59204-4

Ⅰ. ①A… Ⅱ. ①彭… ②郑… ③董… Ⅲ. ①移动终端—应用程序—程序设计—高等学校—教材 Ⅳ. ①TN929.53

中国版本图书馆CIP数据核字（2021）第187908号

**责任编辑**：邓 艳
**封面设计**：刘 超
**版式设计**：文森时代
**责任校对**：马军令
**责任印制**：沈 露

**出版发行**：清华大学出版社
**网 址**：http://www.tup.com.cn，http://www.wqbook.com
**地 址**：北京清华大学学研大厦A座 **邮 编**：100084
**社 总 机**：010-62770175 **邮 购**：010-62786544
**投稿与读者服务**：010-62776969，c-service@tup.tsinghua.edu.cn
**质量反馈**：010-62772015，zhiliang@tup.tsinghua.edu.cn
**印 刷 者**：北京富博印刷有限公司
**装 订 者**：北京市密云县京文制本装订厂
**经 销**：全国新华书店
**开 本**：185mm×260mm **印 张**：11.25 **字 数**：267千字
**版 次**：2021年9月第1版 **印 次**：2021年9月第1次印刷
**定 价**：49.00元

---

产品编号：090988-01

# 前　　言

安卓（Android）是一种基于 Linux 内核（不包含 GNU 组件）的自由及开放源代码的操作系统。主要应用于移动设备，如智能手机和平板电脑，运行 Android 操作系统的智能手机市场份额占到 87%，Android 发展的势头也为程序员的发展提供了肥沃的土壤，各大招聘网站每天有 2 万多个 Android 相关职位，远超其他技术岗位，因此学习 Android 开发技术有广阔的发展空间。

对于 Android 学习者来说，通过实际项目学习 Android 是最有效的。我们组织编写的这本教程，通过引入合作企业的移动新闻客户端这样一个软件项目，主要针对移动应用软件开发岗位所需的专业技能，以岗位核心技能和职业进阶能力训练为主，让学习者面对真实的企业工作过程展开工作，做到和市场、企业岗位的无缝对接。

本书共分为 7 章，具体内容如下。

第 1 章针对项目进行整体介绍，包括项目名称、项目概述、开发环境、模块说明，以及各个界面的效果展示，对于本章的内容，读者只需了解即可。

第 2 章针对项目功能界面的设计进行讲解，其中包含欢迎界面、主界面开发和常用工具类开发。通过本章的学习，读者可以掌握一些基本的界面设计技巧。

第 3～6 章针对软件功能模块进行讲解，是本教材的核心，由于功能较多，因此将其分为 4 个小模块，其中包括新闻模块、图片中心模块、推荐视频模块，“我”的界面模块，涉及的知识点有 CoordinatorLayout 布局、ToolBar 控件、TabLayout 控件、Viewpager 控件、FragmentStatePagerAdapter、IRecyclerView 控件、LoadingPage 布局、使用 Gson 处理 JSON 数据、WebView 处理等。

第 7 章针对项目上线进行讲解，其中包括代码混淆、项目打包、项目加固、项目发布等。本章学完后，建议读者对整个项目进行重新梳理，以便于提高项目开发经验。

本书的编写和整理工作由东莞职业技术学院联合东莞市捷联科技有限公司完成，由彭勇、郑慧君、董崇杰担任本书主编，由汪嘉、叶广仔担任副主编，祝衍军参编。我们在内容整理、审阅等方面投入了大量的时间和精力。同时感谢清华大学出版社对本书出版的大力支持。

由于时间和能力有限，尽管我们尽了最大的努力，但书中难免会有不妥之处，欢迎各界专家和读者朋友们给予宝贵意见，我们将不胜感激。您在阅读本书时，如发现任何问题或有不认同之处可以通过电子邮件（289593848@qq.com）与我们取得联系。

编　者

2021.8

# 目　　录

# 第1章 项 目 综 述

学习目标

- ❑ 了解新闻客户端项目的功能与棋块结构。
- ❑ 了解新闻客户端项目的界面交互效果。

新闻客户端项目是一个移动新闻客户端，包含体育、财经、娱乐、科技等多个新闻板块的新闻客户端，可以对普通新闻、图片新闻和视频新闻进行查看，要求通过网络接口，或者自己搭建的后台获取最新的新闻，并进行数据更新。本章将针对项目的整体功能进行简单介绍，并对软件整体效果进行演示。

## 1.1 项 目 分 析

### 【任务 1-1】项目名称

东仔移动新闻客户端。

### 【任务 1-2】项目概述

移动新闻客户端凭借其丰富的资讯资源、实时的信息推送和方便的社交互动被越来越多的用户认可。东仔移动新闻客户端利用网易新闻 API（应用程序接口）提供的新闻数据，呈现的文字、图片、视频等资讯信息量大、覆盖面广，能满足同学们日常的新闻咨询需求，整个项目覆盖了 Android 的主要知识点，培养了常见 Android 开源框架的开发技能，通过该项目的开发，能够帮助同学们早日达到 Android 开发工程师的标准。

### 【任务 1-3】开发环境

操作系统：Windows 系统。

开发工具：

- ❑ JDK8。
- ❑ Android Studio 2.2.2。

数据库：SQLite。

其他：新闻数据使用了网易新闻提供的新闻 API。

## 【任务 1-4】模块说明

移动新闻客户端主要分为 4 个功能模块，其中包含新闻纵横、图片中心、推荐视频、“我”，如图 1-1 所示。

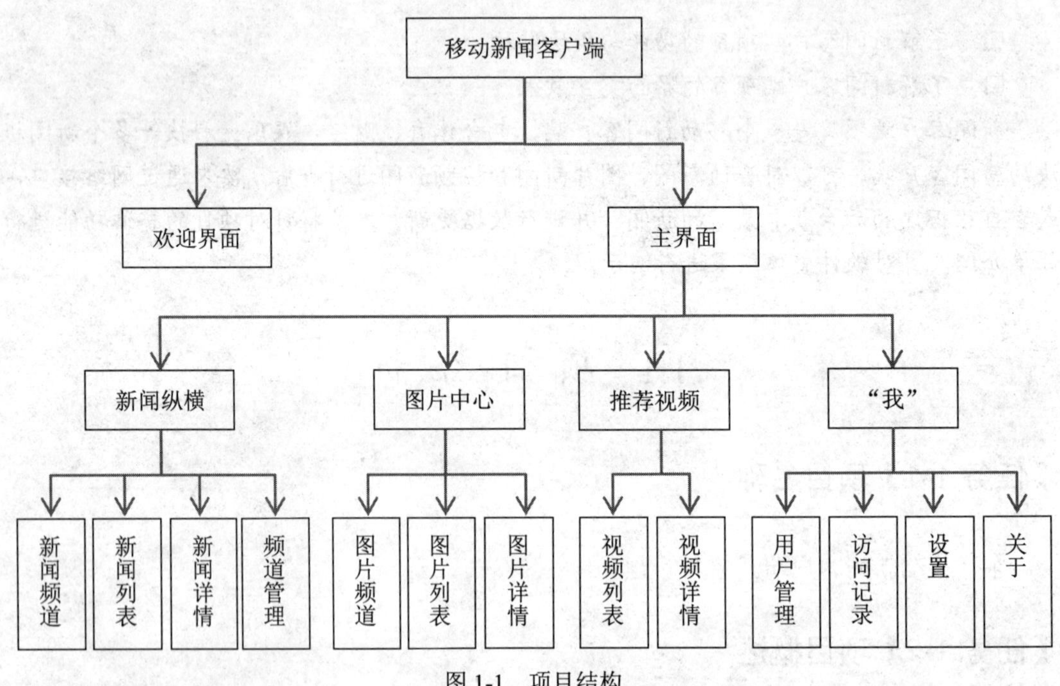


图 1-1　项目结构

从图 1-1 可以看出，移动新闻客户端主要分为两块：一个是欢迎界面；另一个是主界面。在欢迎界面中会显示程序的版本号以及功能提示等，在主界面中显示 4 个功能模块，每个功能模块还有多个具体的小功能。

# 1.2　效 果 展 示

## 【任务 1-5】欢迎界面和主界面

程序启动成功后，首先会在欢迎界面停留几秒然后进入主界面，主界面会默认加载新闻纵横 fragment，单击底部导航条的图片按钮、视频按钮或“我”的按钮可以切换到图片中心界面、推荐视频界面或“我”的界面，如图 1-2 所示。

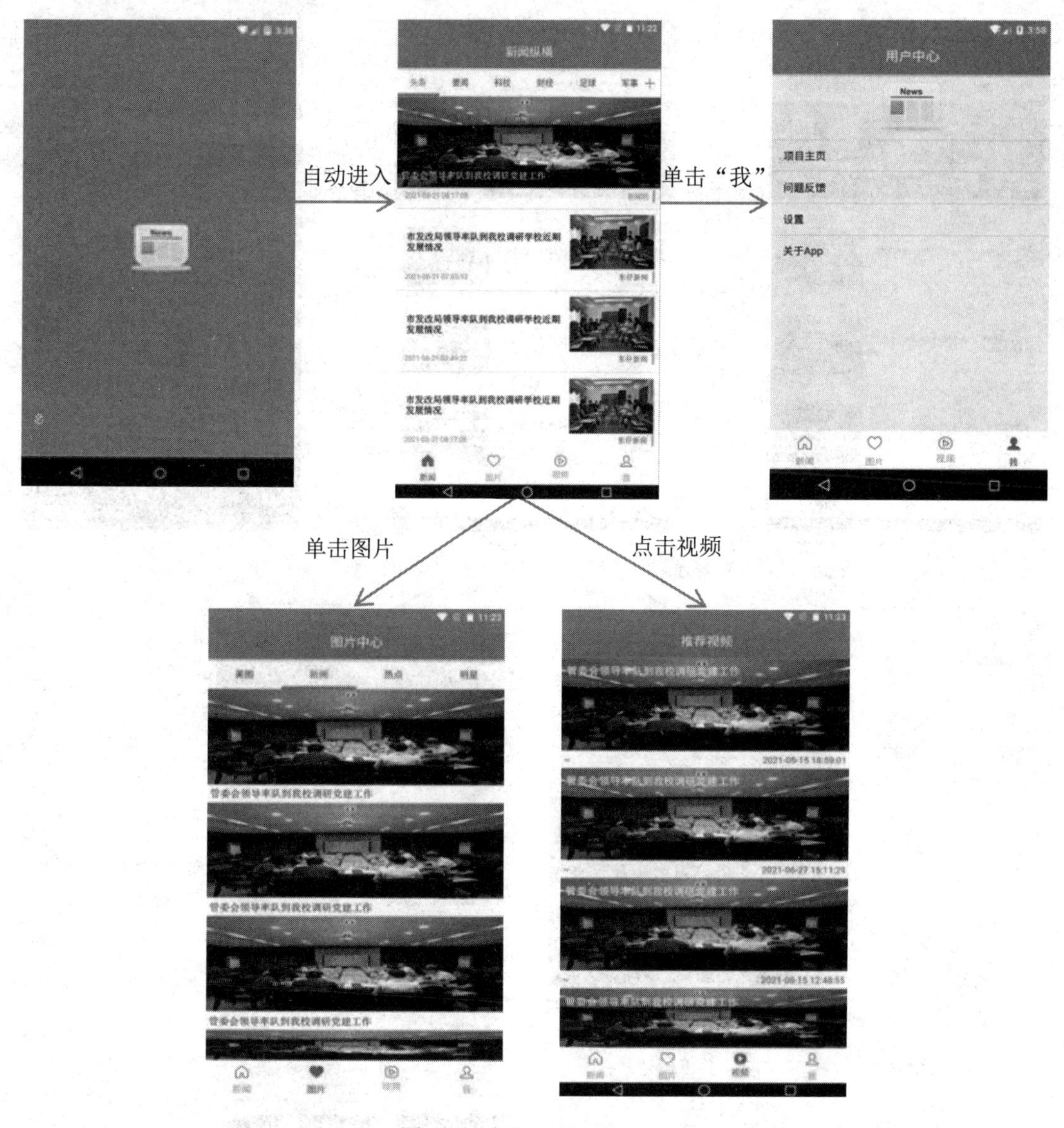


图 1-2　欢迎界面、主界面

## 【任务 1-6】新闻界面

新闻界面包含新闻列表界面、普通新闻详情页和图片新闻详情页，新闻分为多个频道，单击新闻列表界面上方的新闻频道导航条的某个频道时，会进入该频道新闻列表界面，单击某一条新闻则可以根据新闻类型（普通或图片）在普通新闻详情页或图片新闻详情页中查看新闻的具体内容，滚动新闻频道导航条可以查看更多的新闻频道，单击新闻频道导航条最右侧的加号会进入新闻频道管理页面，如图 1-3 所示。

图 1-3 新闻界面

## 【任务 1-7】图片界面

图片界面包含图片列表界面、图片详情页，图片分为多个频道，单击图片列表界面上方的图片频道导航条的某个频道时，会进入该频道图片列表界面，单击某一条图片则可以在图片详情页中查看图片的具体内容（可左右滚动查看图片集中的多张图片），如图 1-4 所示。

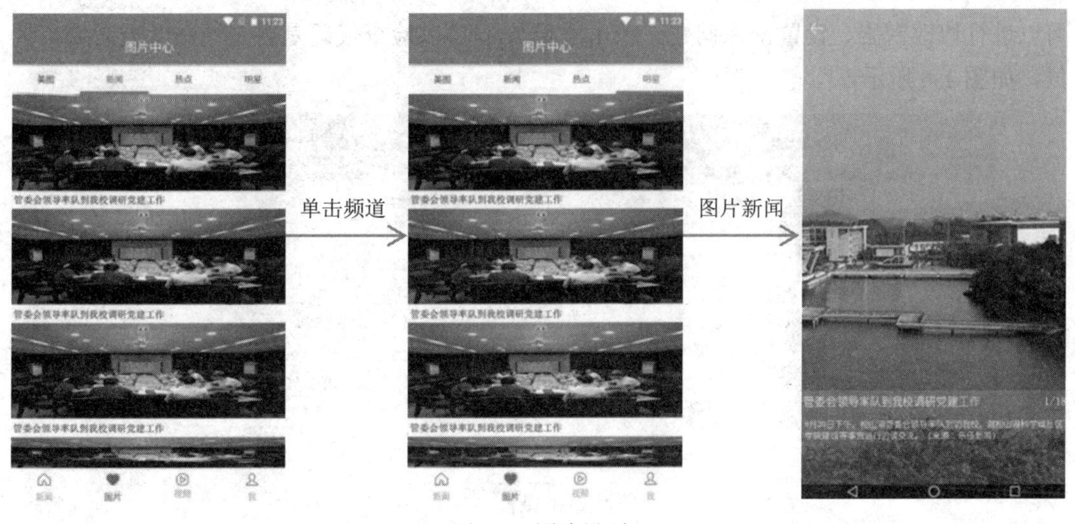

图 1-4 图片界面

## 【任务 1-8】视频界面

视频界面包含图片列表界面、图片详情页，视频不分频道，单击某一条视频则可以在视频详情页中播放视频的具体内容（可通过控制条控制视频的播放），如图 1-5 所示。

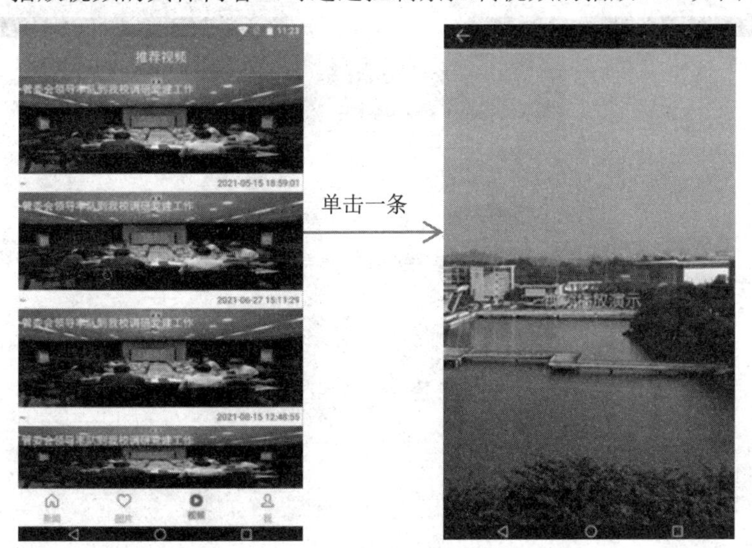

图 1-5 视频界面

## 【任务 1-9】“我”的界面

“我”的界面包含功能列表界面、单击用户图片可以进行用户的登录、注册、显示我的资料，单击设置可以在设置界面中进行清除缓存以及设置新闻字体大小，单击用户管理可以进行修改密码、设置密保问题，单击关于 App 可以检查代码是否有更新及查看城市天气，如图 1-6 所示。

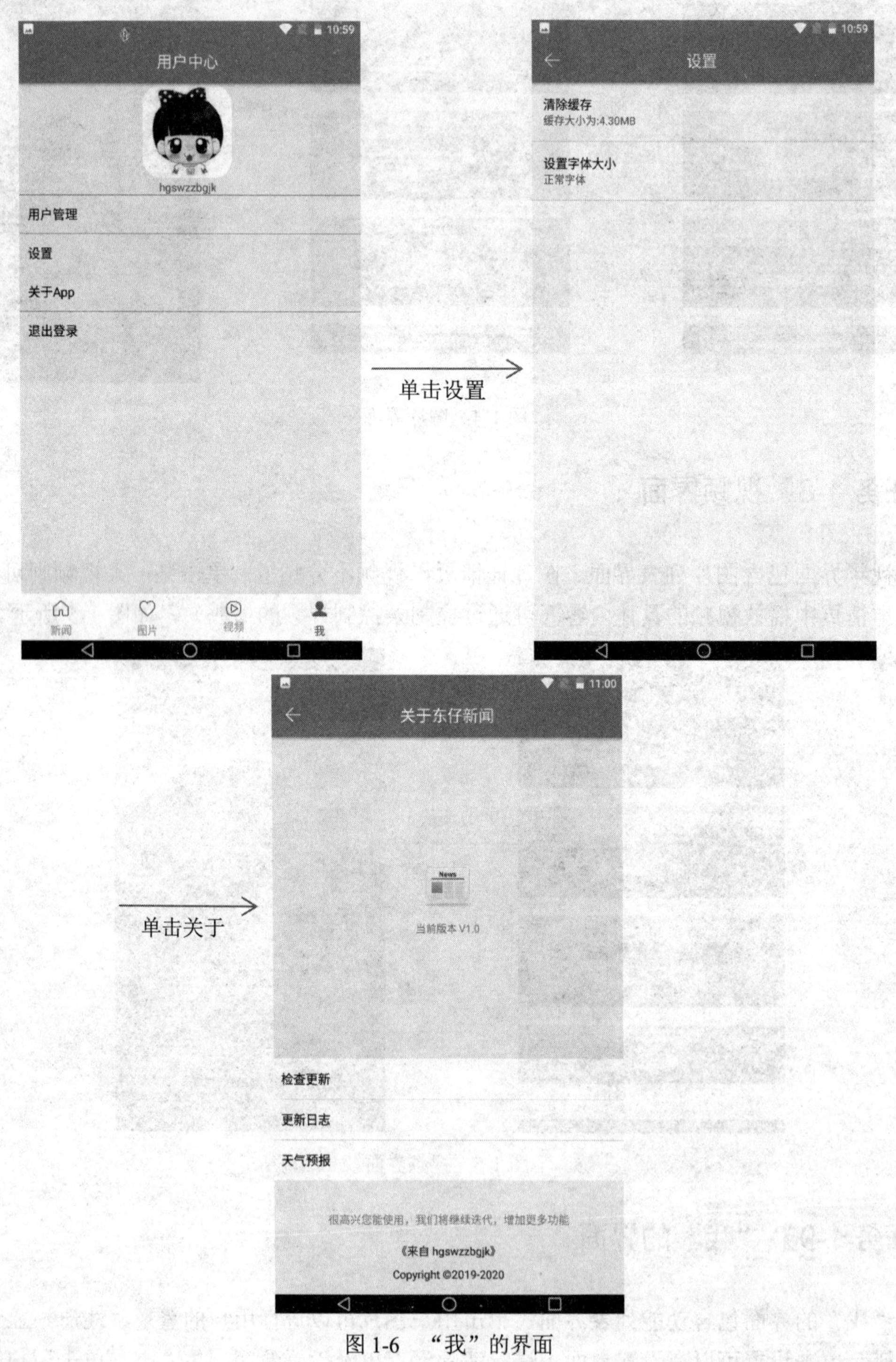


图 1-6　“我”的界面

## 1.3 本章小结

本章整体介绍了东仔移动新闻客户端项目的功能、模块以及项目效果，读者只需在头脑中有个简单的了解即可，在接下来的章节中，会一一实现这些功能模块以及界面的设计。

## 1.4 习题

1．Android 程序的真正入口是什么？

2．JSON 数据与 XML 数据各有哪些优缺点？

# 第 2 章　欢迎界面和主程序

学习目标

- ❑ 掌握欢迎界面的开发，能够独立制作欢迎界面。
- ❑ 掌握底部导航栏的开发，能够实现导航功能。

## 2.1　欢 迎 界 面

### 任务综述

在每个应用程序中欢迎界面都是必不可少的，它的主要作用是展示产品 Logo、检查程序完整性、检查程序的版本更新、加载广告页、做一些初始化操作等。本节将针对欢迎界面开发进行详细讲解。

【知识点】

- ❑ 布局文件的创建与设计。
- ❑ RelativeLavout 布局、TextView 控件。
- ❑ Timer 与 TimerTask。

【技能点】

- ❑ 实现 Android 项目的创建。
- ❑ 通过 Timer 实现界面延迟跳转。
- ❑ 通过 PackageManager 获取程序版本号。

图 2-1　欢迎界面

### 【任务 2-1】欢迎界面

**【任务分析】**

移动新闻客户端项目的欢迎界面效果如图 2-1 所示。

**【任务实施】**

（1）创建项目

首先创建一个工程，将其命名为 DGPTNetNews，指定包名为 com.dgpt.newnews。

（2）导入界面图片

将项目的 icon 图标 app-icon.png 导入 mipmap 文件夹的 mipmap-hdpi 中。mipmap 文件

夹通常用于存放应用程序的启动图标，它会根据不同手机分辨率对图标进行优化，其他图片资源要放到 drawable 文件夹中。将图片复制到 mipmap 文件夹时会弹出一个对话框，显示 mipmap-hdpi、mipmap-mdpi、mipmap-xhdpi、mipmap-xxhdpi、mipmap-xxxhdpi 5 个文件夹，按照分辨率不同选择合适的文件夹存放图片即可。

（3）创建欢迎界面

在程序中选中 com.dgpt.newnews 包，在该包下创建一个 activity 包，然后在 activity 包中创建一个 Empty Activity 类，名为 SplashActivity，并将布局文件名指定为 activity-splash.xml。具体代码请扫描下方二维码。

2-1-1

（4）修改清单文件

每个应用程序都会有属于自己的 icon 图标，同样新闻客户端项目也会使用自己的 icon 图标，因此需要在 AndroidManifest.xml 的<application>标签中修改 icon 属性、引入东仔移动新闻客户端图标，具体代码如下：

```
1  android:icon="@mipmap/app_icon"
```

项目创建后所有界面需要使用自定义的蓝色标题栏，因此需要在<application>标签中修改 theme 属性，去掉程序默认的标题栏，具体代码如下：

```
1  android:theme="@style/Theme.AppCompat.NoActionBar"
```

东仔移动新闻客户端启动时，首先进入的是欢迎界面 SplashActivity 而不是系统默认的 MainActivity，因此需要将欢迎界面指定为程序默认启动界面。在配置文件中将 MainActivity 的<intent-filter>标签以及标签内的所有内容剪切至 SplashActivity 所在<activity>标签中，具体代码如下：

```
1  <activity android:name="cn.dgpt.netnews.activity.SplashActivity">
2  <intent-filter>
3  <action android:name="android.intent.action.MAIN" />
4  <category android:name="android.intent.category.LAUNCHER" />
5  </intent-filter>
6  </activity>
```

## 【任务 2-2】欢迎界面逻辑代码

**【任务分析】**

欢迎界面主要展示产品 Logo 和版本信息，通常会在该界面停留一段时间之后自动跳转至其他界面，因此，需要在逻辑代码中设置欢迎界面暂停几秒（本项目为 3s）后再跳转，并获取程序的版本号。

**【任务实施】**

（1）获取版本号

在 SplashActivity 中创建 init()方法，在该方法中获取 TextView 控件，通过 PackageManager（包管理器）获取程序版本号（版本号是 build.gradle 文件中的 versionName 值），并将其显示在 TextView 控件上。

（2）让界面延迟跳转

在 init()方法中使用 Timer 以及 TimerTask 类设置欢迎界面延迟 3s 再跳转到主界面（MainActivity 所对应的界面，此界面目前为空白页面）。具体代码请扫描下方二维码。

2-2-1

其中，第 23、24 行代码首先通过 PackageManager 的 getPackageInfo()方法获取 PackageInfo 对象，然后通过该对象的 versionName 属性获取程序的版本号，最后通过 setText()方法将获取到的版本号设置到 TextView 控件。具体代码如下：

```
22            //获取程序包信息
23        PackageInfo info= getPackageManager().getPackageInfo
(getPackageName(), 0);
24            tv_version.setText("V"+info.versionName);
```

其中，第 32～40 行代码的作用是让程序在欢迎界面停留 3s 后跳转。在此段代码中主要用到两个类，分别为 Timer 类和 TimerTask 类。其中，Timer 类是 JDK（Java 开发工具包）中提供的一个定时器工具，使用时会在主线程之外开启一个单独的线程执行指定任务，任务可以执行一次或多次；TimerTask 类是一个实现了 Runnable 接口的抽象类，同时代表一个可以被 Timer 执行的任务，因此跳转到主界面的任务代码写在 TimerTask 的 run()方法中。Timer 的 schedule()方法是任务调度方法，在 3s 之后调度 TimerTask 执行跳转操作，实现延迟跳转功能。具体代码如下：

```
32        TimerTask task=new TimerTask() {
33            @Override
34            public void run() {
35                Intent intent=new Intent(SplashActivity.this,MainActivity.
class);
36                startActivity(intent);
37                SplashActivity.this.finish();
38            }
39        };
40        timer.schedule(task, 3000);//设置这个 task 在延迟 3s 之后自动执行
```

# 2.2 主　程　序

## 任务综述

在每个应用程序中主程序都是必不可少的，它的主要作用是作为每个子功能的统一入口，作为每个二级功能的容器，在主程序中通过底部导航条可以进入不同的二级功能。本节将针对主程序开发进行详细讲解。

【知识点】

❑ 掌握底部导航栏的开发。

❑ FrameLayout 布局、LinearLayout 布局。

❑ FragmentTabHost 的使用。

【技能点】

❑ 自定义 FragmentTabHost。

❑ 使用 FragmentTabHost 的步骤。

❑ 初始化底部标签栏。

## 【任务 2-3】主界面布局

【任务分析】

移动新闻客户端项目的主界面效果如图 2-2 所示。

图 2-2　主界面

【任务实施】

（1）设置自定义 FragmentTabHost

Android 自带 FragmentTabHost 控件每次切换 Fragment，都会执行 Fragment 的 onCreateView 和 onDestroyView 方法，每次切换都会创建和销毁 Fragment 实例，这样每次切换回来时不能保持上次浏览的位置。为了让 FragmentTabHost 切换 Fragment 时保持原有浏览状态，需要修改原生的 FragmentTabHost。具体代码请扫描下方二维码。

2-3-1

根据 FragmentTabHost 的源代码可知，Fragment 是使用 detach 和 attach 切换的，只要把切换方式换为 hide 和 show 就行了（FragmentTabHost 的源代码中，不止 doTabChanged 方法中有

Fragment 的切换，需要把切换方式全部换了，因此更换了第 157、158、181、182、241、242、251、252 行代码）。具体代码如下：

```
157 //          ft.detach(info.fragment);
158             ft.hide(info.fragment);
181 //          ft.detach(tab.fragment);
182             ft.hide(tab.fragment);
241 //          ft.detach(mLastTab.fragment);
242             ft.hide(mLastTab.fragment);
251 //          ft.attach(newTab.fragment);
252             ft.show(newTab.fragment);
```

（2）导入自定义控件 FragmentTabHost

FragmentTabHost 包含两个内容：TabWidget 和 FrameLayout。标准的 FragmentTabHost 是 TabWidget 在上面，FrameLayout 在下面。如果想要制作 TabWidget 在下面的效果，可以在布局文件中手动添加一个 FrameLayout，并将 FragmentTabHost 中的 FrameLayout 的宽高设为 0 即可。不能省略掉 FragmentTabHost 中的 FrameLayout。具体代码请扫描下方二维码。

2-3-2

【注意】FragmentTabHost、TabWidget、FrameLayout 的 id 必须使用系统的 id 来为各组件指定 id 属性，否则将出现异常，FragmentTabHost 的 id 是 android:id/tabhost，TabWidget 的 id 是 android:id/tabs，FrameLayout 的 id 是 android:id/tabcontent，不能使用自定义的 id 即+id/。FrameLayout 用于放置导航条，TabWidget 被 Fragment 覆盖，在本例中我们没有使用 TabWidget，使用自己在第 10～16 行定义的 FrameLayout 放置 Fragment。在 FragmentTabHost 这一个布局中包裹着 FrameLayout（也可以换成其他布局，主要作用是存放 Fragment）和 TabWidget 控件。具体代码如下：

```
10    <FrameLayout
11        android:id="@+id/realtabcontent"
12        android:layout_width="fill_parent"
13        android:layout_height="0dip"
14        android:layout_weight="1"
15        android:background="@color/bg_color"
16        />
```

## 【任务 2-4】主程序逻辑代码

### 【任务分析】

主程序主要实现的是底部导航条，底部导航条使用任务 2-3 自定义的 FragmentTabHost，主要包含 3 个步骤。首先初始化 FragmentTabHost，其次新建 TabSpec 并将 TabSpec 添加进

FragmentTabHost，最后做一些基本设置，实现单击标签就会显示到对应的 Fragment，效果如图 2-3 所示。

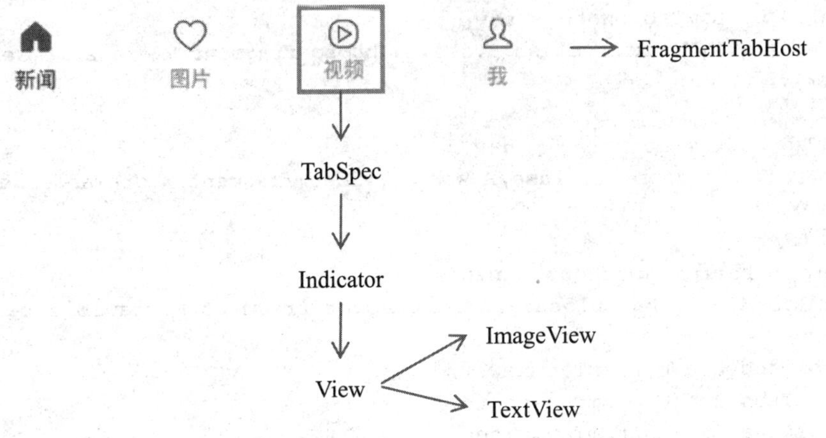


图 2-3　FragmentTabHost 结构图

【任务实施】

（1）初始化 FragmentTabHost

初始化 FragmentTabHost 主要在布局中找到 id 为 android.R.id.tabhost 的控件就是 FragmentTabHost；然后传入 3 个参数，第一个是上下文内容 Context，第二个是 FragmentManager，第三个是放置 fragment 的容器的 id，注意容器必须是 FrameLayout 类型，因为内部定义的类型就是这个，内部会根据 id 来进行初始化。

```
1  mTabHost = (FragmentTabHost)findViewById(android.R.id.tabhost);
2  MTabHost.setup(this, getSupportFragmentManager(), R.id.realtabcontent);
```

（2）新建 TabSpec 添加到 FragmentTabHost

因为底部 Tab 由一张图片和 tab 名称组成，所以首先需要定义每个底部标签的实体类和布局文件。具体代码请扫描下方二维码。

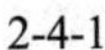
2-4-1

2-4-2

每个 Tab 类包含名称、图标以及单击后要显示的 Fragment。

每个 Tab 标签包含一个 ImageView 显示图标和一个 TextView 显示名称。

在定义了 Tab 标签的实体类和标签后，在程序中需要初始化标签数据，主程序分为 4 个模块，分别是新闻纵横、图片中心、推荐视频和“我”。具体代码如下：

```
1  private List<BottomTab> mBottomTabs = new ArrayList<>(5);
2  //新闻标签
3  BottomTab bottomTab_news = new
```

```
4  BottomTab(NewsFragment.class,R.string.news_fragment,R.drawable.select_
icon_news);
5  //图片标签
6  BottomTab bottomTab_photo = new
7  BottomTab(PhotoFragment.class,R.string.photo_fragment,R.drawable.select_
icon_photo);
8  //视频标签
9  BottomTab bottomTab_video = new
10 BottomTab(VideoFragment.class,R.string.video_fragment,R.drawable.select_
icon_video);
11  //“我”标签
12  BottomTab bottomTab_about = new
13  BottomTab(MyFragment.class,R.string.about_fragment,R.drawable.select_
icon_about);
14  mBottomTabs.add(bottomTab_news);
15  mBottomTabs.add(bottomTab_photo);
16  mBottomTabs.add(bottomTab_video);
17  mBottomTabs.add(bottomTab_about);
```

每个 Tab 标签的图标我们使用了 android 的选择器，能够根据不同的选定状态来定义不同的实现效果，具体来讲有如下状态。

- ❑ android:drawable：单纯地放一个 drawable 资源。
- ❑ android:state_pressed：是否按下，如一个按钮触摸或者单击动作。
- ❑ android:state_focused：是否取得焦点，比如用户选择了一个文本框等。
- ❑ android:state_hovered：光标是否悬停，通常与 focused state 相同，它是 Android 4.0 的新特性。
- ❑ android:state_selected：是否被选中，它与 focused state 并不完全一样，如一个 ListView 的 item 被选中的时候，该 item 里面的各个子组件也就被选中了。
- ❑ android:state_checkable：是否能被 check。如 RadioButton 是可以被 check 的。
- ❑ android:state_checked：是否被 check 了，如一个 RadioButton 被 check 了。
- ❑ android:state_enabled：是否能够接受触摸或者单击事件，也就是说是否可用。具体代码如下：

```
1  <?xml version="1.0" encoding="utf-8"?>
2  <selector xmlns:android="http://schemas.android.com/apk/res/android">
3  <!--非焦点状态-->
4  <item android:drawable="@drawable/b_newhome_tabbar"
5    android:state_focused="false" android:state_pressed="false"
6    android:state_ selected="false"/>
7  <item android:drawable="@drawable/b_newhome_tabbar_press"
8    android:state_focused="false" android:state_pressed="false"
9    android:state_selected="true"/>
10   <!--焦点状态-->
11  <item android:drawable="@drawable/b_newhome_tabbar_focus"
12   android:state_focused="true" android:state_pressed="false"
13   android:state_selected="false"/>
```

```
14 <item android:drawable="@drawable/b_newhome_tabbar_focus"
15   android:state_focused="true" android:state_pressed="false"
16   android:state_selected="true"/>
17   <!--按下状态-->
18 <item android:drawable="@drawable/b_newhome_tabbar_press"
19   android:state_pressed="true" android:state_selected="true"/>
20 <item android:drawable="@drawable/b_newhome_tabbar_press"
21   android:state_pressed="true"/>
22 </selector>
```

在初始化标签数据后，需要设置底部 Tab 的图片和文字，因此写了一个类似于适配器的方法，把初始化的数据绑定到布局的相应控件上。具体代码如下：

```
1 private View buildIndicator(BottomTab bottomTab){
2  View view = mInflater.inflate(R.layout.tab_indicator, null);//取得布局实例
3  ImageView img = (ImageView) view.findViewById(R.id.icon_tab);//取得布局对象
4  TextView text = (TextView) view.findViewById(R.id.txt_indicator);
5  img.setBackgroundResource(bottomTab.getIcon()); //设置图标
6  text.setText(bottomTab.getTitle());             //设置标题
7  return  view;
8 }
```

在做完上述准备活动后，可以新建 TabSpec，并将 TabSpec 添加进 FragmentTabHost。具体代码如下：

```
1 for (BottomTab bottomTab : mBottomTabs){
2   TabHost.TabSpec tabSpec = mTabHost.newTabSpec(getString(bottomTab.getTitle()));
3   //对 Tab 按钮添加标记和图片
4   tabSpec.setIndicator(buildIndicator(bottomTab));
5   //将 Tab 按钮添加进 Tab 选项卡中，添加 Fragment
6   mTabHost.addTab(tabSpec, bottomTab.getFragment(),null);
7
```

（3）其他一些设置

将 TabSpec 添加进 FragmentTabHost 后可以设置分割线以及默认显示那个 fragment，具体代码如下：

```
mTabHost.getTabWidget().setShowDividers(LinearLayout.SHOW_DIVIDER_NONE);
                                                   //设置没有分割线
mTabHost.setCurrentTab(0);                         //设置默认显示第一个
```

最后给出完整的主程序逻辑代码供大家参考。具体代码请扫描下方二维码。

2-4-3

# 2.3　常用工具类

## 任务综述

在日常软件开发中会使用工具类，常用工具类其实就是对于 String、Collection、I/O 等常用类的功能的扩展。比如 I/O 读写文件。其实大多数时候用户希望有一个文件路径，然后调用方法就可直接得到文件内容（字符串或者字节数组形式）。

如果没有工具类，那么每个读文件的地方都会有一段重复的代码。所以，用户肯定会将重复的部分提取出来。那么，提取出来放哪儿呀？要知道这个功能可是在任何类都能调用的。因此，开发出一些常用的工具类存放各种功能，以方便应用程序开发，提高开发效率，减轻程序员的工作量。本节将针对常用工具类开发进行详细讲解。

【知识点】

- 掌握底部导航栏的开发。
- FrameLayout 布局、LinearLayout 布局。
- FragmentTabHost 的使用。

【技能点】

- 自定义 FragmentTabHost。
- 使用 FragmentTabHost 的步骤。
- 初始化底部标签栏。

## 【任务 2-5】日志工具类

【任务分析】

安卓开发离不开记录 log 日志，因此封装了一份简单的日志工具类，具有设置日志总开关，是否写入文件，日志过滤器和自定义标签，锁定打印 log 的类、函数名及行号，初始化可以使用 init 函数也可以使用建造者模式等功能。

【任务实施】

Android 日志打印类 LogUtils，能够定位到类名、方法名以及出现错误的行数并保存日志文件，还能根据日志级别决定输出显示哪些信息。具体代码请扫描下方二维码。

2-5-1

## 【任务 2-6】Toast 工具类

**【任务分析】**

Android 项目中常用来提醒用户某个事件发生了的一种可视化组件就是 Toast，添加 Toast 的方法也很简单，使用 Toast.makeText()方法来设置显示的内容以及时间，切记使用 Toast.show()方法将 Tosat 显示出来。相信大部分同学在使用系统 Toast 的时候，都感觉不太尽如人意，因为系统 Toast 显示的位置比较固定，并且字体颜色等会跟随系统版本变化。

**【任务实施】**

Toast 在项目开发中主要问题有：Toast 在 activity 销毁后，还在显示；当 Toast 响应单击事件时，如果用户连续单击，就会导致多个 Toast 排队等待依次显示。具体代码请扫描下方二维码。

2-6-1

第 46～51 行，可以解决当 Toast 响应单击事件时，如果用户连续单击，就会导致多个 Toast 排队等待依次显示的问题，源代码中每次调用 makeText()方法都是通过 handler 发送异步任务来调用远程通知服务显示通知的，这样自然就造成了排队显示的现象。由此可想，如果在显示期间只修改同一个 Toast 对象的显示内容，这样显示的都是最后一次修改的内容效果，刚好 Tosat 也为用户提供了 Toast.setText(massage)方法来修改显示的内容，等待问题迎刃而解。具体代码如下：

```
46        if (toast == null) {
47            toast = Toast.makeText(context, spannableString, duration);
48        } else {
49            toast.setText(spannableString);
50            toast.setDuration(duration);
51        }
```

第 62～67 行，可以在 UI（用户界面）隐藏或者销毁前取消 Toast 显示，解决 Toast 在 activity 销毁后还在显示的问题。具体代码如下：

```
62    public static void cancel() {
63        if (toast != null) {
64            toast.cancel();
65            toast = null;
66        }
67    }
```

最后，我们还自定义了 Toast 显示的弹出框的形状样式，文件命名为 toast_frame_

style.xml。具体代码如下：

```
1  <?xml version="1.0" encoding="utf-8"?>
2  shape xmlns:android="http://schemas.android.com/apk/res/android"
3      android:shape="rectangle">
4      <corners android:radius="1000dp"/>
5      <solid android:color="@color/colorPrimaryDark"/>
6      <stroke
7          android:width="0.5dp"
8          android:color="@color/colorAccent"/>
9      <padding
10         android:top="10dp"
11         android:bottom="10dp"
12         android:left="10dp"
13         android:right="10dp"/>
14  </shape>
```

## 【任务 2-7】String 工具类

**【任务分析】**

StringUtils 是对 Java 中 String 类的增强和补充，简化开发。在代码中有时候要经常进行比较，确定一些条件满不满足，例如是否是空，是否是 null，等等，这时就需要一个功能强大的 String 工具类。

**【任务实施】**

自定义 String 工具类主要包含判空、取空格、校验字符串、判断两字符串是否相等、null 转为长度为 0 的字符串、返回字符串长度、日期格式、时间处理等需要在应用中用到的方法。具体代码请扫描下方二维码。

2-7-1

## 【任务 2-8】PrefUtils 工具类

**【任务分析】**

PrefUtils 是对 Android 中对 SharePreference 的封装，使用起来简单方便。在代码中主要进行对不同类型数据在 SharePreference 的按 key 存取。

**【任务实施】**

自定义 PrefUtils 工具类主要包括 getBoolean(Context ctx, String preferencesName, String key, **boolean** defValue)、setBoolean(Context ctx, String preferencesName, String key, **boolean** value)等方法，方法的参数基本一致，降低了开发难度。具体代码请扫描下方二维码。

2-8-1

## 【任务 2-9】ListDataSave 工具类

**【任务分析】**

存储 List 数据到本地的方式有很多种，对于不想用 sqlite 或者其他方式，又或是数据量很少的话，不妨可以试下用 SharedPreferences 保存。由于 SharedPreferences 只能保存 Map 型的数据，因此必须要做其他转换才行。

用于保存各种 List 数据，最常见的莫过于 ListView、Gridviw 中的数据，支持类型有 List<String>、List<Map<String,Object>>、List<JavaBean>。

**【任务实施】**

ListDataSave 主要是用 Gson 把 List 转换成 JSON 类型，再利用 SharedPreferences 保存的，还可以把存在 SharedPreferences 数据取出，通过 JSON 解析转换为 List 对象数组。具体代码请扫描下方二维码。

2-9-1

## 【任务 2-10】ThreadManager 工具类

**【任务分析】**

ThreadManager 工具类主要用于管理线程池。线程池是预先创建线程的一种技术。线程池在还没有任务到来之前，创建一定数量的线程，加入空闲队列中，然后对这些资源进行复用，减少频繁创建和销毁对象的次数。

**【任务实施】**

在东仔移动新闻客户端中，经常频繁创建和销毁线程，耗资源、耗时间，而使用线程池可以节约资源、节约时间，同时有的线程执行任务的时间甚至比创建和销毁线程的时间还短。所以 ThreadManager 工具类使用较为频繁。具体代码请扫描下方二维码。

2-10-1

## 【任务 2-11】其他工具类

【任务分析】

其他工具类是一些较小的为方便开发而设计的一些自定义类，主要包括单位转换、文件写入和读取、MD5 加密解密、网络的判断、UI 线程处理的一些基本工具。

【任务实施】

（1）DensityUtils 工具类

DensityUtils 工具类是屏幕 px 与 dp 转换工具，能够根据手机的分辨率从 dp 单位转换成 px（像素），或 px（像素）单位转换成 dp，还能获取屏幕宽度与取屏幕高度，单位为 px（像素）。具体代码请扫描下方二维码。

2-11-1

（2）CommonUtils 工具类

CommonUtils 工具类的主要功能有随机返回一种颜色，获得当前日期以及获取 values 中的各种资源。具体代码请扫描下方二维码。

2-11-2

（3）IOUtils 工具类

在开发过程中，经常遇到从流中解析数据，或者把数据写入流中，或者输入流转换为输出流，而且最后还要进行流的关闭，原始 JDK 自带的方法写起来太复杂，还要注意各种异常，IOUtils 工具类可以让用户快速、方便地操作流来读写文件。具体代码请扫描下方二维码。

2-11-3

（4）NetWorkUtil 工具类

网络操作是很多操作的基础，因此专门写一个工具类来判断网络是否连接，Wi-Fi 是否打开，Wi-Fi 是否连接，GPS 是否打开，获取连接网络类型（3G/4G/Wi-Fi，包含运营商信息）。具体代码请扫描下方二维码。

2-11-4

（5）UIUtils 工具类

UIUtils 工具类主要是处理和界面显示层有关的公共方法，含 Context 获取，资源获取，判断是否运行在主线程，运行在主线程修改 UI。具体代码请扫描下方二维码。

2-11-5

（6）MD5Encoder 工具类

MD5Encoder 工具类是 MD5 加密工具类，主要包含对字符串进行 MD5 加密，将文件名转为 MD5，以便于写入磁盘，字节数据转换为十六进制。具体代码请扫描下方二维码。

2-11-6

## 2.4　本章小结

本章主要讲解了东仔移动新闻客户端项目的欢迎界面、主程序以及常用工具类。这 3 个功能模块是本项目最简单、最基础的部分，因此首先讲解，以便读者熟悉项目的开发流程以及开发步骤，方便后续学习。

## 2.5　习　　题

1．Android 中有几种数据存储方式？每种方式有哪些特点？

2．为什么要对 ListView 控件进行优化？以及如何优化？

# 第 3 章　新 闻 模 块

学习目标

- ❑ 掌握频道标题栏的开发，能够独立制作顶端频道导航栏。
- ❑ 掌握新闻列表 Fragment 的开发，能够实现 Fragment 的基本功能。

## 3.1　新闻顶部频道选项

### 任务综述

新闻是分频道的，在进行移动新闻客户端开发时，实现一个分类明确的导航栏对后面各业务开发与解耦都有重要意义。现在各种新闻客户端的导航栏样式都比较类似，Tab 型的导航是当下被大家所选择的形式，大部分 Tab 型的导航是由 TabLayout 与 ViewPager 联合实现，本节将针对新闻客户端的顶端频道导航栏的开发进行详细讲解。

【知识点】

- ❑ CoordinatorLayout 布局。
- ❑ ToolBar 控件、TabLayout 控件、ViewPager 控件。
- ❑ FragmentStatePagerAdapter。

【技能点】

- ❑ 通用工具栏的创建。
- ❑ 通过 TabLayout+ViewPager 实现页面切换。
- ❑ 实现 List 集合转为 JSON 数据保存在 sharedPreferences。
- ❑ 频道的获取。

### 【任务 3-1】顶端工具栏

#### 【任务分析】

移动新闻客户端项目的顶端工具栏在每个模块都有，每个模块的顶端工具栏除了文字内容不一致，其格式、样式、功能基本一样，我们把该功能在通用的 BaseFragment 中实现，每个子功能的 Fragment 都继承它。

顶端工具栏效果如图 3-1 所示。

图 3-1 顶端工具栏效果

**【任务实施】**

（1）顶端工具栏布局

顶端工具栏布局非常简单，使用了 Android 5.x 引入的一个新控件 ToolBar，可以理解为是 ActionBar 的升级版，大大扩展了 ActionBar，使用更灵活，不像 ActionBar 那么固定，所以单纯使用 ActionBar 已经稍显过时了，它的一些方法已被标注过时。ToolBar 更像是一般的 View 元素，可以被放置在 View 树体系的任意位置，可以应用动画，可以跟着 ScrollView 滚动。

布局文件名指定为 toolbar_page，具体代码请扫描下方二维码。

3-1-1

第 8 行，添加了"colorPrimaryDark"属性，使得顶部状态栏随之改变，利用这一特性，我们可以轻松实现“状态栏沉浸”的效果。

第 10 行，设置 ToolBar 的最小高度，这样设置的意义就是解决适配的问题，标准 md 高度。

第 12 行，在 ToolBar 标签中设置与 CoordinatorLayout 配合对 ToolBar 进行滚动时隐藏。

第 14～21 行，设置一个 TextView 作为工具栏的文字，在不同模块中进行修改。具体代码如下：

```
8        android:background="?attr/colorPrimary"
10       android:minHeight="?attr/actionBarSize"
12        app:layout_scrollFlags="scroll|enterAlways"
14        <TextView
15            android:id="@+id/toolbar_title"
16            android:layout_width="wrap_content"
17            android:layout_height="wrap_content"
18            android:layout_gravity="center"
19            android:maxLines="1"
20            android:textColor="@color/white"
21            android:textSize="20sp" />
```

（2）顶端工具栏逻辑代码

顶端工具栏代码作为 BaseFragment 中的一个方法，传入的 4 个参数分别为该 Toolbar 的父容器 view，id 一般为该 Toolbar 的 id（一般为 R.id.my_toolbar），titleId 为工具栏文字对应的 TextView 的 id（一般为 R.id.toolbar_title），titleString 为 TextView 设置的文字。具体代码如下：

```
1 public Toolbar initToolbar(View view, int id, int titleId, int titleString) {
2     Toolbar toolbar = (Toolbar) view.findViewById(id);
3     TextView textView = (TextView) view.findViewById(titleId);
4     textView.setText(titleString);
5     AppCompatActivity activity = (AppCompatActivity) getActivity();
6     activity.setSupportActionBar(toolbar);//Toolbar 即能取代原本的 actionbar
7     android.support.v7.app.ActionBar actionBar = activity.
getSupportActionBar();
8     if (actionBar != null){
9        actionBar.setDisplayHomeAsUpEnabled(false);
10       actionBar.setDisplayShowTitleEnabled(false);
11    }
12    return toolbar;
13 }
```

其中第 6 行表示使用 Toolbar 即能取代原本的 actionbar。第 9、10 行表示不给左上角图标，不显示标题，最后使用在对应的 Fragment 的布局中包括该 toolbar 布局，在逻辑代码中使用该 initToolbar()方法来初始化工具栏。

```
1    <include layout="@layout/toolbar_page"/>
2    Toolbar myToolbar = initToolbar(mView, R.id.my_toolbar, R.id.toolbar_ title,
3    R.string.news_home);
```

# 【任务 3-2】新闻顶部频道选项界面

## 【任务分析】

移动新闻客户端项目的新闻顶部频道选项效果如图 3-2 所示。

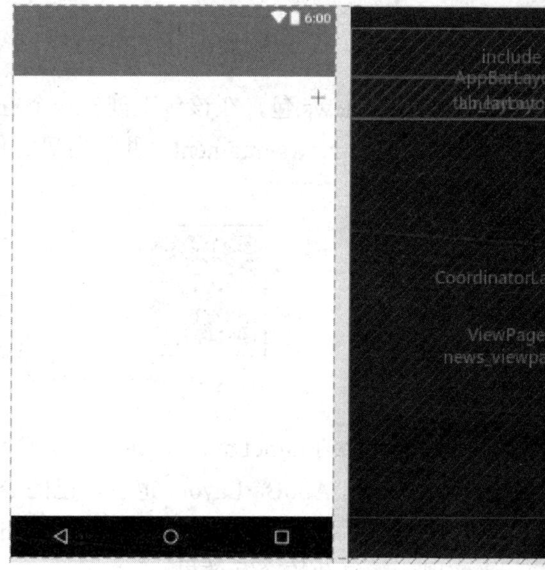

图 3-2　新闻顶部频道选项效果

## 【任务实施】

（1）导入界面图片

将项目的频道管理图标 add_channel_icon 导入，每个频道的背景指定为自定义形状选择器 tab_bg，能够根据不同的选定状态来定义不同的实现效果，选择器文件名指定为 tab_bg，具体代码如下：

```
1 <?xml version="1.0" encoding="utf-8"?>
2 <selector xmlns:android="http://schemas.android.com/apk/res/android">
3    <!--<item android:color="@color/colorWhite" android:state_selected=
"true" />-->
4    <item android:state_enabled="false">
5       <shape>
6          <solid android:color="@color/white" />
7       </shape>
8    </item>
9    <item android:state_pressed="true">
10       <shape>
11          <solid android:color="@color/itemLowBackground" />
12       </shape>
13    </item>
14    <item android:state_pressed="false">
```

```
15        <shape>
16            <solid android:color="@color/white" />
17        </shape>
18    </item>
19 </selector>
```

从该选择器可以看出当按下对应的频道时，会出现 itemLowBackground 的背景，没有按下或释放时背景又会重新变为白色。

（2）创建欢迎界面

在程序中选中 com.dgpt.newnews 包，在该包下创建一个 fragment 包，然后在 fragment 包中创建一个 Fragment 类，名为 NewsFragment，并将布局文件名指定为 tablayout_pager。具体代码请扫描下方二维码。

3-2-1

CoordinatorLayout 为一个超级 FrameLayout，通过自定义 Children 的 Behaviors（行为）来实现控件之间的交互动画效果。AppBarLayout 也有自己的 DefaultBehavior（默认行为），所以，这两个控件更适合联合使用。当然，我们在使用 CoordinatorLayout 时，也可以自己动手编写 Behaviors 来实现一些复杂的交互效果。

TabLayout 继承自 HorizontalScrollView，用作页面切换指示器，经常结合 ViewPager 使用，主要属性有：tabDividerColor 分割线颜色；tabDividerHeight 分割高度；tabDividerWidth 分割宽度（默认为 0，不显示分割线）；tabMode="fixed"固定选项卡（fixed）或可滚动选项卡（scrollable）；tabTextColor 选项卡切换状态时的字体颜色；tabTextColorTransitionScroll 字体颜色改变方式：normal 为默认，shadow 为渐变；tabTextSize 选项卡字体大小；tabTextBold 选项卡选中时字体是否变粗；tabScaleTransitionScroll 选项卡选中时大小；tabIndicator 指示器；tabIndicatorColor 指示器颜色；tabIndicatorFullWidth 指示器宽度是否占满 Item；tabIndicatorHeight 指示器高；tabIndicatorTransitionScroll 指示器滚动方式；tabIndicatorWidth 指示器宽；tabIndicatorTier 指示器在 Item 之上（front）或之下（back）；tabIndicatorAnimationDuration 指示器滚动时间（毫秒）；tabIndicatorGravity 指示器位置；tabIndicatorMargin 指示器外边距。具体代码如下：

```
17            <!--新闻、图片、视频三大模块统一使用 TabLayout + ViewPager 作为滑动页面-->
18            <android.support.design.widget.TabLayout
19                android:id="@+id/tab_layout"
20                android:layout_width="match_parent"
21                android:layout_height="wrap_content"
22                android:layout_weight="1"
23                android:background="@drawable/tab_bg"
24                app:tabIndicatorColor="@color/colorTheme"
25                app:tabIndicatorHeight="5dp"
```

```
26              app:tabSelectedTextColor="@color/colorTheme"
27              app:tabTextColor="@color/defaultTextColor"/>
```

ViewPager是Android扩展包v4包中的类，这个类可以让用户左右切换当前的view，直接继承了ViewGroup，所以它是一个容器类，可以在其中添加其他的view类。ViewPager需要一个PagerAdapter适配器类给它提供数据。ViewPager经常和Fragment一起使用，并且提供了专门的FragmentPagerAdapter和FragmentStatePagerAdapter类供Fragment中的ViewPager使用。具体代码如下：

```
39      <android.support.v4.view.ViewPager
40          android:id="@+id/news_viewpager"
41          android:layout_width="fill_parent"
42          android:layout_height="match_parent"
43          android:background="@color/white"
44          app:layout_behavior="@string/appbar_scrolling_view_behavior"/>
```

上述布局中，根布局为CoordinatorLayout从上到下依次为toolbar、tabLayout、viewpager，由于做了沉浸式布局处理，所以在toolbar上面留出了状态栏的空间，阴影高度elevation，设置app:tabMode="scrollable"使导航栏在显示不全的情况下可滑动。而Tab页面切换关键在于将TabLayout与ViewPager进行绑定。

第44行，layout_behavior是通过反射去寻找类的，当前布局中使用的是android.support.design.widget.AppBarLayout$ScrollingViewBehavior，这个ScrollingViewBehavior内部类指定的泛型是View，所以理论上这个Behavior我们任何的View都可以使用。

## 【任务3-3】缓存的处理

**【任务分析】**

关于Android的三级缓存，其中最主要的就是内存缓存和硬盘缓存。这两种缓存机制的实现都应用到了LruCache（Least Recently Used），采用LRU（Least Recently Used，最近很少使用）算法的缓存有两种：LruCache和DiskLruCache，分别用于实现内存缓存和硬盘缓存，其核心思想都是LRU算法。

DiskLruCache就是把从网络上加载的数据存储在本地硬盘上，当再次加载这些数据时，通过一系列操作判断本地是否有该数据，就不会先从网络上加载，而是直接从本地硬盘缓存中拿取数据，这样即使在没有网络的情况下，也可以把数据显示出来。在移动新闻客户端中我们打开客户端后开始浏览新闻，之后发现在手机没有联网的情况下，之前浏览过的界面还是能正常地显示出来，而这些离线的数据都是在有网络的情况下保存下来的，这就用到了硬盘缓存DiskLruCache技术，以及在推荐视频播放时，也得到较多运用，可以获得较好的用户体验。

**【任务实施】**

（1）DiskLruCache缓存技术

DiskLruCache是一种管理数据存储的技术，单从Cache的字面意思也可以理解，“Cache”

即“高速缓存”。DiskLruCache 不同于 LruCache，LruCache 是将数据缓存到内存中去，而 DiskLruCache 是外部缓存，例如可以将网络下载的图片永久地缓存到手机外部存储中去，并可以将缓存数据取出来使用，DiskLruCache 不是 Google 官方所写，但是得到了官方推荐，DiskLruCache 没有编写到 SDK（软件开发工具包）中去，如需使用可直接 copy（复制）这个类到项目中去。

DiskLruCache 的存储路径是可以自定义的，不过也可以是默认的存储路径，而默认的存储路径一般是这样的：/sdcard/Android/data/包名/cache。包名是指 App 的包名。我们可以在手机上打开，浏览这一路径。

DiskLruCache 是 Jake Wharton 所编写的在 GitHub 上的一个开源库，代码量并不多。与谷歌官方的内存缓存策略 LruCache 相对应，DiskLruCache 也遵从于 LRU 算法，只不过存储位置在磁盘上。虽然在谷歌的文档中有提到，但 DiskLruCache 并未集成到官方的 API 中，使用的话按照 GitHub 库中的方式集成就行。

DiskLruCache 常用方法如表 3-1 所示。

表 3-1　DiskLruCache 常用方法

| 方　法 | 备　注 |
| --- | --- |
| DiskLruCache open(File directory, int appVersion, int valueCount, long maxSize) | 打开一个缓存目录，如果没有则首先创建它。directory：指定数据缓存地址；appVersion：App 版本号，当版本号改变时，缓存数据会被清除；valueCount：同一个 key 可以对应多少文件；maxSize：最大可以缓存的数据量 |
| Editor edit(String key) | 通过 key 可以获得一个 DiskLruCache.Editor，通过 Editor 可以得到一个输出流，进而缓存到本地存储上 |
| void flush() | 强制缓冲文件保存到文件系统 |
| Snapshot get(String key) | 通过 key 值来获得一个 Snapshot，如果 Snapshot 存在，则移动到 LRU 队列的头部来，通过 Snapshot 可以得到一个输入流 InputStream |
| long size() | 缓存数据的大小，单位是 Byte |
| boolean remove(String key) | 根据 key 值来删除对应的数据，如果该数据正在被编辑，则不能删除 |
| void delete() | 关闭缓存并且删除目录下所有的缓存数据，即使有的数据不是由 DiskLruCache 缓存到本目录的 |
| void close() | 关闭 DiskLruCache，缓存数据会保留在外部存储器中 |
| boolean isClosed() | 判断 DiskLruCache 是否关闭，返回 true 表示已关闭 |
| File getDirectory() | 缓存数据的目录 |

在 DiskLruCache 中有 3 种文件：一个是日志文件，里面是我们操作的记录；一个是临时文件，保存的是我们的 Value 数据，在未提交前；一个是备份文件，可从这个文件中恢复数据。lruEntries 是 key 的集合，使用了 LinkedHashMap，与 LruCache 一样，redundantOpCount 中记录的是冗余操作的次数，当这个值大于 2000 时，会 trimToSize，即重新构建日志文件。具体代码如下：

```
1   private final File directory;
2   private final File journalFile;
```

```
3   private final File journalFileTmp;
4   private final int appVersion;
5   private final long maxSize;
6   private final int valueCount;
7   private long size = 0;
8   private Writer journalWriter;
9   private final LinkedHashMap<String, Entry> lruEntries
10  = new LinkedHashMap<String, Entry>(0, 0.75f, true);
11  private int redundantOpCount;
```

日志文件的格式，前几行是文件头，后面是操作记录。具体代码如下：

```
1   * looks like this:
2   *     libcore.io.DiskLruCache
3   *     1
4   *     100
5   *     2
6   *
7   *     CLEAN 3400330d1dfc7f3f7f4b8d4d803dfcf6 832 21054
8   *     DIRTY 335c4c6028171cfddfbaae1a9c313c52
9   *     CLEAN 335c4c6028171cfddfbaae1a9c313c52 3934 2342
10  *     REMOVE 335c4c6028171cfddfbaae1a9c313c52
11  *     DIRTY 1ab96a171faeeee38496d8b330771a7a
12  *     CLEAN 1ab96a171faeeee38496d8b330771a7a 1600 234
13  *     CLEAN 1ab96a171faeeee38496d8b330771a7a 1600 234
14  *     READ 335c4c6028171cfddfbaae1a9c313c52
15  *     READ 3400330d1dfc7f3f7f4b8d4d803dfcf6
```

看一下如何建立一个实例。首先查看是否有备份文件，如果有的话，再检查是否有日志文件，首次创建时没有任何文件，因此会执行到 directory.mkdirs()然后 rebuildJournal。具体代码请扫描下方二维码。

3-3-1

这段代码是线程安全的，首先将文件头写入，再将 entry 写入，最后判断 journal 文件是否存在，如果存在，那么先将其改为备份文件，之后把临时文件改成日志文件，删除备份文件，总之就是要留下一个日志文件，最后创建一个 JournalWriter，追加模式。具体代码请扫描下方二维码。

3-3-2

看一下 Entry，主要是 Key 和 valueCount，还有一个 currentEditor。具体代码请扫描下方二维码。

3-3-3

看一下初始化。首先看一下，通常会新建一个 entry，或者读取，然后绑定一个 Editor，写日志。具体代码请扫描下方二维码。

3-3-4

Editor 的实现。一个 Entry 对应一个 Editor，通常我们会通过 Editor 来用 set 方法设置和用 get 方法获取数据。具体代码请扫描下方二维码。

3-3-5

获取一个 OuputStream。注意，每个 index 是一个文件，而且不能超过 valueCount，用了全局锁，写的时候使用了 dirtyFile，这是一个临时文件，等 commit 了会把这个文件变为正式文件。具体代码如下：

```
1  public OutputStream newOutputStream(int index) throws IOException {
2      synchronized (DiskLruCache.this) {
3          if (entry.currentEditor != this) {
4              throw new IllegalStateException();
5          }
6          return new FaultHidingOutputStream(new
7  FileOutputStream(entry.getDirtyFile(index)));
8      }
9  }
```

提交的时候，会锁住整个实例。具体代码请扫描下方二维码。

3-3-6

执行清除数据的过程。具体代码如下：

```
1   private final ExecutorService executorService = new ThreadPoolExecutor(0, 1,
2         60L, TimeUnit.SECONDS, new LinkedBlockingQueue<Runnable>());
3   private final Callable<Void> cleanupCallable = new Callable<Void>() {
4       @Override public Void call() throws Exception {
5           synchronized (DiskLruCache.this) {
6               if (journalWriter == null) {
7                   return null; //closed
8               }
9               trimToSize();
10              if (journalRebuildRequired()) {
11                  rebuildJournal();
12                  redundantOpCount = 0;
13
14          }
15      }
16      return null;
17  }
18 };
```

访问过的节点会被移动到末尾，链首的数据都是老数据，新数据都是添加到链尾，每次被访问的数据也会被放入链尾。具体代码如下：

```
1   private void trimToSize() throws IOException {
2           while (size > maxSize) {
3   //              Map.Entry<String, Entry> toEvict = lruEntries.eldest();
4               final Map.Entry<String, Entry> toEvict =
5   lruEntries.entrySet().iterator().next();
6               remove(toEvict.getKey());
7           }
8       }
```

我们再回过头看一下，如果缓存文件存在，那么则读取日志文件，首先检查文件头，再读取操作记录，redundantOpCount = lineCount - lruEntries.size()中记录了冗余操作的次数，当这个数大于 2000 时，则重新构建日志文件，重新构建会删除之前的操作记录，这样有利于日志文件大小的控制。具体代码请扫描下方二维码。

3-3-7

（2）DiskLruCache 的应用类

对于东仔移动新闻客户端，为了顺利使用 DiskLruCache 来处理本地缓存，我们将初始化 DiskLruCache，获取新闻缓存目录地址，写本地缓存，读取磁盘缓存，根据 URL（统一资源定位符）清除缓存，判断缓存文件是否存在等常用方法放入一个工具类。

DiskLruCache 是不能使用 new 方法新增实例的，如果我们要创建一个 DiskLruCache 的实例，则需要调用它的 open()方法，创建 DiskLruCache 实例后，就可以创建 DiskLruCache. Editor 实例，我们可以调用它的 newOutputStream()方法来创建一个输出流，然后把它传入 setLocalCache()中就能实现把 content 字符串转换并写入缓存的功能了。在写入操作执行完之后，我们还需要调用 commit()方法进行提交才能使写入生效，调用 abort()方法的话则表示放弃此次写入。具体代码请扫描下方二维码。

3-3-8

setLocalCache()方法的具体代码请扫描下方二维码。

3-3-9

其中缓存地址前面已经说过，通常都会存放在 /sdcard/Android/data/<application package>/cache 这个路径下面，但同时我们又需要考虑如果这个手机没有 SD 卡，或者 SD 卡正好被移除了的情况，因此都会专门写一个方法来获取缓存地址。具体代码如下：

```
1   /**
2   * 获取新闻缓存文件
3   *
4   * @param context
5   * @param uniqueName
6   * @return
7   */
8  public static File getDiskCacheDir(Context context, String uniqueName) {
9      return new File(getCachePath(context) + File.separator + uniqueName);
10 }
```

那么这个 uniqueName 又是什么呢？其实就是为了对不同类型的数据进行区分而设定的一个唯一值，比如，在新闻缓存路径下看到的 bitmap、object 等文件夹。具体代码如下：

```
1   /**
2   * 获取新闻缓存目录
3   * @param context
4   * @return
5   */
```

```
6  public static String getCachePath(Context context){
7      String cachePath;
8      if (Environment.MEDIA_MOUNTED.equals(Environment.
getExternalStorageState())
9              || !Environment.isExternalStorageRemovable()) {
10         //当SD卡存在或者SD卡不可被移除时，就调用getExternalCacheDir()方法来获取
11 缓存路径，否则就调用getCacheDir()方法来获取缓存路径
12         //路径为/sdcard/Android/data/<application package>/cache
13         cachePath = context.getExternalCacheDir().getPath();
14     } else {
15         //路径为/data/data/<application package>/cache
16         cachePath = context.getCacheDir().getPath();
17     }
18     return cachePath;
19 }
```

在缓存方法中还可以获取应用程序版本号，我们可以使用如下代码简单地获取当前应用程序的版本号，具体代码如下：

```
1  /**
2  * 获取当前版本号
3  *
4  * @param context
5  * @return 返回当前应用的版本号
6  */
7  private static int getAppVersion(Context context) {
8      try {
9          PackageInfo info =
10 context.getPackageManager().getPackageInfo(context.getPackageName(), 0);
11         return info.versionCode;
12     } catch (PackageManager.NameNotFoundException e) {
13         e.printStackTrace();
14     }
15     return 1;
16 }
```

需要注意的是，每当版本号改变，缓存路径下存储的所有数据都会被清除掉，因为DiskLruCache认为当应用程序有版本更新时，所有数据都应该从网上重新获取。

缓存已经写入成功后，接下来就该学习一下如何读取了。读取的方法要比写入简单一些，主要是借助DiskLruCache的get()方法实现的，接口如下：

```
1  public synchronized Snapshot get(String key) throws IOException
```

这里获取到的是一个DiskLruCache.Snapshot对象，这个对象我们该怎么利用呢？很简单，只需要调用它的getInputStream()方法就可以得到缓存文件的输入流了。同样地，getInputStream()方法也需要传入一个index参数，这里传入0就好。有了文件的输入流之后，想要把缓存内容转换为字符串就轻而易举了。所以，一段完整的读取缓存，并将缓存转换

为字符串返回的具体代码请扫描下方二维码。

3-3-10

学习完写入缓存和读取缓存的方法之后，最难的两个操作就都已经掌握了，那么接下来要学习移除缓存也一定会非常轻松。移除缓存主要是借助 DiskLruCache 的 remove()方法实现的，代码如下：

```
1  public synchronized boolean remove(String key) throws IOException
```

remove()方法中要求传入一个 key，然后会删除这个 key 对应的缓存图片。具体代码请扫描下方二维码。

3-3-11

用法虽然简单，但是要知道，这个方法我们并不经常去调用它。因为我们完全不需要担心缓存的数据过多从而占用 SD 卡太多空间的问题，DiskLruCache 会根据我们在调用 open()方法时设定的缓存最大值来自动删除多余的缓存。只有确定某个 key 对应的缓存内容已经过期，需要从网络获取最新数据时才调用 remove()方法来移除缓存。

最后一个方法是判断缓存文件是否存在。具体代码请扫描下方二维码。

3-3-12

（3）权限的设置

因为要操作外部存储，所以必须要先加上权限，代码如下：

```
1  <uses-permission android:name="android.permission.WRITE_EXTERNAL_STORAGE" />
```

## 【任务 3-4】基类 BaseFragment

### 【任务分析】

BaseFragment 的封装可以解决重复性编码问题，主要是一些公共方法，包括工具类的处理、判断是否为最新新闻、保存缓存、获取和设置保存缓存的时间等功能。

**【任务实施】**

（1）公共操作接口

新闻、图片、视频等模块基本操作都包括初始化界面、初始化变量、初始化监听器、绑定数据，所以我们写一个公共接口。具体代码如下：

```
1 package cn.dgpt.netnews.common;
2 /**
3  * 当前类注释:所有的Activity，Fragment 可以实现这个接口，来进行一些公共的操作
4  */
5 public interface DefineView {
6
7    public void initView();          //初始化界面元素
8    public void initValidata();      //初始化变量
9    public void initListener();      //初始化监听器
10    public void bindData();         //绑定数据
11 }
```

（2）BaseFragment 逻辑代码

具体代码请扫描下方二维码。

3-4-1

第 26～38 行为初始化 toolbar，设置 toolbar 的文字。具体代码如下：

```
26    public Toolbar initToolbar(View view, int id, int titleId, int titleString)
{
27        Toolbar toolbar = (Toolbar) view.findViewById(id);
28        TextView textView = (TextView) view.findViewById(titleId);
29        textView.setText(titleString);
30        AppCompatActivity activity = (AppCompatActivity) getActivity();
31        activity.setSupportActionBar(toolbar);//Toolbar 即能取代原本的 actionbar
32        android.support.v7.app.ActionBar actionBar = activity.
getSupportActionBar();
33        if (actionBar != null){
34            actionBar.setDisplayHomeAsUpEnabled(false);
35            actionBar.setDisplayShowTitleEnabled(false);
36        }
37        return toolbar;
38    }
```

第 44～57 行为判断是否是最新新闻，判断准则为保存缓存的时间与现在的时间是否超过 3h，没有超过就认为是最新新闻，直接读取缓存即可。具体代码如下：

```
44    public boolean isLastNews(String key) {
45        long threeHour = 3 * 60 * 60 * 1000;
```

```
46          long currentTime = System.currentTimeMillis();
47          long saveTime = getUpdateTime(key, currentTime);
48          //判断保存缓存的时间与现在的时间是否超过3h，没有超过就读取缓存
49          long ll = currentTime - saveTime;
50          if (ll <= threeHour) {
51              LogUtils.d(TAG, "saveTime  :  " + saveTime + "   ll:  " + ll + " ll
< threeHour " + (ll < threeHour));
52              return true;
53          } else {
54              LogUtils.d(TAG, "saveTime  :  " + saveTime + "   ll:  " + ll + " ll
> threeHour " + (ll > threeHour));
55              return false;
56          }
57      }
```

第 68～75 行为利用 PrefUtils 工具，在 SharePreference 中设置和获取保存缓存的时间。具体代码如下：

```
68      public static void saveUpdateTime(String key, long value) {
69          PrefUtils.setLong(MyApplication.getContext(), "save_time", key,
value);
70      }
71      //获取保存缓存的时间
72      public static long getUpdateTime(String key, long defValue) {
73          long saveTime = PrefUtils.getLong(MyApplication.getContext(),
"save_time", key, defValue);
74          return saveTime;
75      }
```

## 【任务 3-5】CategoryDataUtils 工具类

**【任务分析】**

CategoryDataUtils 工具类主要是初始化频道数据，获得新闻资讯和图片中心的频道数据。

**【任务实施】**

（1）ProjectChannelBean 实体类

ProjectChannelBean 实体类既可以表示新闻资讯频道数据，也可以表示图片中心的频道数据，通过不同参数的构造方法实例化不同的频道实体。具体代码请扫描下方二维码。

3-5-1

第 13～16 行构造函数会实例化新闻频道实体对象。具体代码如下：

```
13    public ProjectChannelBean(String tname, String tid){
14        this.tname = tname;
15        this.tid = tid;
16    }
```

第17～21行构造函数会实例化图片频道实体对象。具体代码如下：

```
17    public ProjectChannelBean(String tname, String column, String tid){
18        this.tname = tname;
19        this.column = column;
20        this.tid = tid;
21    }
```

（2）APPConst常量定义类

APPConst类统一定义了频道管理用到的一些基础常量。具体代码如下：

```
1 public class APPConst {
2    private APPConst(){}
3    //设置ChannelManager频道管理中的每个item的间隔
4    public static final int ITEM_SPACE = 5;
5    //0和1均表示ChannelManager频道管理中的tab不可编辑
6    //其中tab的type为0时，字体会显示红色，为1时会显示灰色
7    public static final int ITEM_DEFAULT = 0;
8    //1均表示ChannelManager频道管理中的tab不可编辑
9    public static final int ITEM_UNEDIT = 1;
10     //表示ChannelManager频道管理中的tab可编辑
11     public static final int ITEM_EDIT = 2;
12 }
```

（3）CategoryDataUtils工具类

CategoryDataUtils 工具类主要完成第一次运行程序时频道数据的初始化，用户使用程序之后，每次使用后都会把频道数据以JSON格式存储在SharePreference中，下次启动程序时直接从SharePreference中取出JSON数据解析即可。具体代码请扫描下方二维码。

3-5-2

第6～18行完成新闻频道的数据初始化，第19～41行完成图片频道数据初始化，其中tname代表频道名称，tid代表频道代码，column代表频道子类代码。具体代码如下：

```
6    public static List<ProjectChannelBean> getChannelCategoryBeans(){
7       List<ProjectChannelBean>  beans=new ArrayList<>();
8       beans.add(new ProjectChannelBean("头条","T1348647909107"));
9       beans.add(new ProjectChannelBean("要闻","T1467284926140"));
10       beans.add(new ProjectChannelBean("科技","T1348649580692"));
11       beans.add(new ProjectChannelBean("财经","T1348648756099"));
```

```
12         beans.add(new ProjectChannelBean("足球","T1348649079062"));
13         beans.add(new ProjectChannelBean("军事","T1348648141035"));
14         beans.add(new ProjectChannelBean("娱乐","T1348648517839"));
15         beans.add(new ProjectChannelBean("体育","T1348649079062"));
16         beans.add(new ProjectChannelBean("时尚","T1348654151579"));
17         return beans;
18     }
19     public static List<ProjectChannelBean> getPicCategoryBeans(){
20         List<ProjectChannelBean>  beans=new ArrayList<>();
21         //GirdView 排版
22         beans.add(new ProjectChannelBean("美图","/54GN0096/","0096"));
23         //ListView 排版
24         beans.add(new ProjectChannelBean("新闻","/00AP0001,3R710001,
4T8E0001/","0001"));
25         //ListView 排版
26         beans.add(new ProjectChannelBean("热点","/00AN0001,00AO0001/",
"0001"));
27         //GirdView 排版
28         beans.add(new ProjectChannelBean("明星","/54GK0096/","0096"));
29 //         //图片新闻尾部，需要在签名添加参数，可获得从某条新闻之后的 20 条新闻
30 //         //示例 :  http://pic.news.163.com/photocenter/api/list/0001/
00AN0001,00AO0001/0/20.json
31 //         public static final String endPicture = "/20.json";
32 //         //图片
33 //         public static final String specialPictureId = "T1419316384474";
34 //         //推荐图片：0031/6LRK0031,6LRI0031/     应使用瀑布流
35 //         public static final int RecommendPictureId = 0031;
36 //         public static final String RecommendPicture = PictureUrl +
RecommendPictureId + "/6LRK0031,6LRI0031/";
37 //         //新闻图片：0001/00AP0001,3R710001,4T8E0001/     横向排版
38 //         public static final int NewsPictureId = 0001;
39 //         public static final String NewsPicture = PictureUrl + NewsPictureId
+ "/00AP0001,3R710001,4T8E0001/";
40 //         //热点图片：0001/00AN0001,00AO0001/      横向排版
41 //         public static final String HotPicture = PictureUrl + NewsPictureId +
```

## 【任务 3-6】设置 PagerAdapter 适配器

**【任务分析】**

我们采用 TabLayout+ViewPager 方式实现不同新闻频道的切换，而 Tab 页面切换关键在于将 TabLayout 与 ViewPager 进行绑定，因为 ViewPager 是一个容器，我们把 Fragment 看作数据的话，则必须有一个 adapter 将数据按顺序放入我们的容器中，也就是 ViewPager 需要一个 PagerAdapter 适配器类给它提供数据，在 Android 开发中，ViewPager 经常和 Fragment 一起使用，并且提供了专门的 FragmentPagerAdapter 和 FragmentStatePagerAdapter 类供 Fragment 中的 ViewPager 使用。

FragmentPagerAdapter 是另一种可用的 PagerAdapter，其用法和 FragmentStatePagerAdapter

基本一致，只是在卸载不需要的 fragment 时，各自采用的处理方法不同。

FragmentStatePagerAdapter 会销毁不需要的 fragment，而 FragmentPagerAdapter 是调用 detach(Fragment)方法来处理它，只是销毁了 fragment 的视图，而 fragment 的实例由 FragmentManager 维护，因此，FragmentPagerAdapter 创建的 fragment 永远不会被销毁。

所以当数据量大时，可以选择 FragmentStatePagerAdapter，用户界面只有少量固定的 fragment 时，可以选择 FragmentPagerAdapter。

**【任务实施】**

FixedPagerAdapter 适配器继承自 FragmentPagerAdapter，需要复写其中的 4 个方法，分别是 getCount、getItem、instantiateItem 和 destroyItem，在与 TabLayout 搭配使用时必须复写 getPageTitle 这一方法，在获取 adapter 实例时将 title 传入，getItem 返回的实例与 title 一一对应。具体代码请扫描下方二维码。

3-6-1

第 20 行通过 setChannelBean()方法传入频道数据，执行第 88 行 getPageTitle()方法就可以将频道绑定到 TabLayout 上，第 27 行 getItem()方法就可以得到 ViewPager 要显示的数据 fragment。具体代码如下：

```
20    public void setChannelBean(List<ProjectChannelBean> newsBeans) {
88    public CharSequence getPageTitle(int position) {
27    public BaseFragment getItem(int position) {
```

## 【任务 3-7】NewsFragment 逻辑代码

**【任务分析】**

NewsFragment 是新闻模块的主逻辑代码，通过 TabLayout+Viewpager 可以实现顶端频道导航栏，每个不同的频道都采用 NewsListFragment 来产生不同频道的新闻列表，最后显示在 Viewpager 中，TabLayout 通过 setupWithViewPager 方法实现了与 ViewPager 的联动，实现单击 TabLayout 顶端频道导航栏的某个频道就会在 Viewpager 中显示对应频道的 NewsListFragment 来加载该频道的新闻列表。

**【任务实施】**

（1）初始化布局

初始化布局首先在 onCreateView 方法中实现布局的加载，然后在 onViewCreated 方法中执行 initView()方法来初始化布局中的 TabLayout、Viewpager 等控件并初始化工具栏。具体代码如下：

```
1 mView = inflater.inflate(R.layout.tablayout_pager, container, false);
2 mNewsViewpager = (ViewPager) mView.findViewById(R.id.news_viewpager);
```

```
3 mChange_channel = (ImageButton) mView.findViewById(R.id.change_channel);
//进入频道管理
4 Toolbar myToolbar = initToolbar(mView, R.id.my_toolbar, R.id.toolbar_ title,
R.string.news_home);
```

（2）初始化变量

主要初始化 SharedPreferences，存储是否第一次运行程序标志，初始化工具类 ListDataSave，初始化 fragment 集合，以及 ViewPager 的适配器，因为外层使用了 NewsFragment，ViewPager 中的 NewsListFragment 作为 Fragment 的嵌套，所以使用 getChildFragmentManager 获取 FragmentManager，最后使用 setupWithViewPager 方法完成 TabLayout 与 ViewPager 的关联。具体代码如下：

```
1 sharedPreferences = getActivity().getSharedPreferences("Setting", Context.
MODE_PRIVATE);
2 listDataSave = new ListDataSave(getActivity(), "channel");
3 fragments = new ArrayList<BaseFragment>();
4 fixedPagerAdapter = new FixedPagerAdapter(getChildFragmentManager());
//Fragment 嵌套 Fragment 时，用 getChildFragmentManager 获取 FragmentManager
5 mTabLayout.setupWithViewPager(mNewsViewpager); //TabLayout 与 ViewPager 的关联
```

（3）获取数据

我们需要获取 3 个数据集合：一个是 List<BaseFragment>类型，主要是一个 NewsListFragment 的集合；一个是 List<ProjectChannelBean> 类型的偏好频道 myChannelList，还有一个是 List<ProjectChannelBean> moreChannelList 所有频道。具体代码请扫描下方二维码。

3-7-1

方法如下：首先判断程序是否为第一次运行，如果为第一次运行，使用 CategoryDataUtils 工具类的 getChannelCategoryBeans()方法初始化偏好频道，使用 getMoreChannelFromAsset()方法从 Asset 目录下的 projectChannel.txt 文件获取所有频道分类。具体代码如下：

```
1 public List<ProjectChannelBean> getMoreChannelFromAsset() {
2   String moreChannel = IOUtils.readFromFile("projectChannel.txt");
3   List<ProjectChannelBean> projectChannelBeanList = new ArrayList<>();
4   JsonArray array = new JsonParser().parse(moreChannel).getAsJsonArray();
5   for (final JsonElement elem : array) {
6       projectChannelBeanList.add(new Gson().fromJson(elem, ProjectChannelBean.
class));
7   }
8   return projectChannelBeanList;
9 }
```

projectChannel.txt 文件 JSON 格式具体代码请扫描下方二维码。

3-7-2

getDataFromSharedPreference()方法的第 6～7 行的 setType()方法主要是设定每个频道的类型，频道类型主要有如下 3 种：ITEM_DEFAULT，默认类型，字体会显示红色，不可编辑；ITEM_UNEDIT，不可编辑类型，字体会显示灰色；ITEM_EDIT，可编辑类型，字体为黑色。都已经在 APPConst 中定义。具体代码如下：

```
1 private List<ProjectChannelBean> setType(List<ProjectChannelBean> list) {
2    Iterator<ProjectChannelBean> iterator = list.iterator();
3    while (iterator.hasNext()) {
4       ProjectChannelBean channelBean = iterator.next();
5       channelBean.setTabType(APPConst.ITEM_EDIT);
6    }
7    return list;
8 }
```

getDataFromSharedPreference()方法的第 8～9 行，主要是把初始化的频道数据利用 ListDataSave 工具类存储到 SharedPreference 中；第 10～12 行，存储是否第一次运行标志位为 false；第 17～21 行，主要是绑定 NewsListFragment，对于每个频道，根据频道的 tid 来新建一个新闻列表 NewsListFragment，增加到 fragments 集合，作为 ViewPager 的数据源；第 22～26 行主要根据频道的数量来决定是否 TabLayout 可以左右滑动。TabLayout 需要设置模式（即 setTabMode 方法），一共有两种。TabLayout.MODE_FIXED：当 Tab 较少，且占满整个屏幕时可以使用这种模式；TabLayout.MODE_SCROLLABLE：当 Tab 数量较多，屏幕宽度不够时使用该模式，整个 TabLayout 是可以左右滑动的。

getDataFromSharedPreference()方法的代码如下：

```
1 private void getDataFromSharedPreference() {
2    isFirst = sharedPreferences.getBoolean("isFirst", true);
3    if (isFirst) {
4       myChannelList = CategoryDataUtils.getChannelCategoryBeans();
5       moreChannelList = getMoreChannelFromAsset();
6       myChannelList = setType(myChannelList);
7       moreChannelList = setType(moreChannelList);
8       listDataSave.setDataList("myChannel", myChannelList);
9       listDataSave.setDataList("moreChannel", moreChannelList);
10       SharedPreferences.Editor edit = sharedPreferences.edit();
11       edit.putBoolean("isFirst", false);
12       edit.commit();
13    } else {
14       myChannelList = listDataSave.getDataList("myChannel",
```

```
ProjectChannelBean.class);
15      }
16      //绑定 NewsListFragment
17      fragments.clear();
18      for (int i = 0; i < myChannelList.size(); i++) {
19          baseFragment = NewsListFragment.newInstance(myChannelList.get(i).
getTid());
20          fragments.add(baseFragment);
21      }
22      if (myChannelList.size() <= 4) {
23          mTabLayout.setTabMode(TabLayout.MODE_FIXED);
24      } else {
25          mTabLayout.setTabMode(TabLayout.MODE_SCROLLABLE);
26      }
27 }
```

（4）绑定数据

在获取数据之后，绑定数据主要是设置 PagerAdapter 的频道标题数据以及 fragments 集合，然后 Viewpager 绑定该 Adapter 即可。

```
1 getDataFromSharedPreference();
2 fixedPagerAdapter.setChannelBean(myChannelList);
3 fixedPagerAdapter.setFragments(fragments);
4 mNewsViewpager.setAdapter(fixedPagerAdapter);
```

整个 NewsFragment 的具体代码请扫描下方二维码。

3-7-3

第 146～149 行的 setCurrentChannel()方法主要用在 Mainactivity 中，当单击频道管理按钮，对频道管理进行频道调整后，返回 Mainactivity 主界面时，会显示频道管理更新后的频道。具体代码如下：

```
146     public void setCurrentChannel(int tabPosition) {
147         mNewsViewpager.setCurrentItem(tabPosition);
148         mTabLayout.setScrollPosition(tabPosition, 1, true);
149     }
```

第 153～158 行的 notifyChannelChange()方法也是用于 Mainactivity 中，当单击了频道管理按钮，对频道进行了调整后返回 Mainactivity 时，调用该方法重新设置 Adapter，利用更改后的频道数据来更新界面上频道。具体代码如下：

```
153     public void notifyChannelChange() {
154         getDataFromSharedPreference();
```

```
155        fixedPagerAdapter.setChannelBean(myChannelList);
156        fixedPagerAdapter.setFragments(fragments);
157        fixedPagerAdapter.notifyDataSetChanged();
158    }
```

# 3.2 新闻列表

## 任务综述

新闻列表模块主要是展示从网络获取的新闻列表信息，主要完成以下子任务：加载数据的过程中需要提示“正在加载”的反馈信息给用户；加载成功后，将加载得到的数据填充到 IRecyclerView 展示给用户；若加载数据失败，如无网络连接，则需要给用户提示信息；当下拉或上拉时需要处理数据的刷新。

【知识点】

- IRecyclerView 控件，LoadingPage 布局。
- RecyclerView 的 Adapter、OkHttp3 访问网络、Viewpager 控件。
- handler 处理、使用 Gson 处理 JSON 数据。

【技能点】

- IRecyclerView 的应用，RecyclerView.Adapter 的实现。
- 利用 OkHttp3 访问网络获取数据，处理 JSON 数据。
- 利用 handler 分发消息，绑定数据，显示数据。
- 数据刷新。

## 【任务 3-8】新闻列表界面

**【任务分析】**

移动新闻客户端项目的新闻列表效果如图 3-3 所示，整个布局包含一个开源控件 IRecyclerView 和一个显示页面状态控件 LoadingPage。

**【任务实施】**

（1）IRecyclerView

从 Android 5.0 开始，谷歌公司推出了一个用于大量数据展示的新控件 RecylerView，可以用来代替传统的 ListView，更加强大和灵活。例如横向滚动的 ListView、横向滚动的 GridView、瀑布流控件，因为 RecyclerView 能够实现所有这些功能。但是 RecyclerView 不像 ListView 那样拥有 Header 和 Footer，因此开发中需要我们自己去实现 Header 和 Footer，所以使用开源的 IRecyclerView，它支持 RecyclerView 下拉刷新，上拉加载，定制 Header 和 Footer。具体代码如下：

```
1 <com.aspsine.irecyclerview.IRecyclerView
2     android:id="@+id/iRecyclerView"
```

```
3     android:layout_width="match_parent"
4     android:layout_height="match_parent"
5     app:loadMoreEnabled="true"
6     app:loadMoreFooterLayout="@layout/layout_irecyclerview_load_more_
footer"
7     app:refreshEnabled="true"
8     app:refreshHeaderLayout="@layout/layout_irecyclerview_refresh_header"
9     />
```

图 3-3　新闻列表效果

app:loadMoreEnabled="true"表示可以上拉刷新，上拉时使用布局 layout_irecyclerview_load_more_footer；app:refreshEnabled="true"表示可以下拉刷新，刷新使用 layout_irecyclerview_refresh_header 布局。

layout_irecyclerview_load_more_footer.xml 具体代码如下：

```
1 <?xml version="1.0" encoding="utf-8"?>
2  <cn.dgpt.netnews.widget.LoadMoreFooterView
3    xmlns:android="http://schemas.android.com/apk/res/android"
4    android:layout_width="match_parent"
5    android:layout_height="48dp"/>
```

layout_irecyclerview_refresh_header.xml 具体代码如下：

```
1  <?xml version="1.0" encoding="utf-8"?>
2  <cn.dgpt.netnews.widget.ClassicRefreshHeaderView
3    xmlns:android="http://schemas.android.com/apk/res/android"
4    android:layout_width="match_parent"
5    android:layout_height="80dp" />
```

ClassicRefreshHeaderView 是一个继承自 RefreshTrigger 的 view，作为下拉刷新时的刷新页面，其自定义刷新页面都是一些常规的逻辑。具体代码请扫描下方二维码。

3-8-1

其实思路就是在类的构造函数中去加载布局，然后让类去继承 IRecyclerView 关联的 RefreashTrigger 接口实现在不同状态中做不同的操作，比如，刷新前显示刷新前的图片、刷新时显示刷新的图片、刷新结束后显示刷新结束的图片。接下来是 inflate 的布局文件，具体代码请扫描下方二维码。

3-8-2

inflate 的布局文件比较简单，这里就不讲了，主要讲其中 rotateUp 和 rotateDown 两个动画，其实就是实现下拉高度大于刷新头高度时，实现 ImageView 也就是向下的箭头向上旋转 180°，在下拉高度低于刷新头高度时向下旋转 180°。其中一个文件 rotate_down.xml 具体代码如下：

```
1 <?xml version="1.0" encoding="utf-8"?>
2 <rotate xmlns:android="http://schemas.android.com/apk/res/android"
3    android:duration="150"                    //动画时长
4    android:fillAfter="true"                  //设置保存结束时的状态
5    android:fromDegrees="-180"                //表示旋转的开始角度
6    android:interpolator="@android:anim/linear_interpolator"
                                               //设置在旋转过程中的速度变化
7    android:pivotX="50%"                      //设置旋转的中心点
8    android:pivotY="50%"
9    android:repeatCount="0"                   //设置重复次数，0 表示无限次
10   android:toDegrees="0" />                  //表示旋转的结束角度
```

LoadMoreFooterView 是一个继承自 FrameLayout 的 view，作为上拉刷新时的刷新页面。具体代码请扫描下方二维码。

3-8-3

其实思路就是在类的构造函数中去加载布局，然后实现在不同状态中做不同的操作，显示不同的控件，比如正在加载的图片、加载错误的图片、加载结束的图片。接下来是 inflate 的布局文件 layout_irecyclerview_classic_refresh_header_view.xml，其具体代码如下：

```
1 <?xml version="1.0" encoding="utf-8"?>
2 <merge xmlns:android="http://schemas.android.com/apk/res/android"
3    android:layout_width="match_parent"
4    android:layout_height="48dp">
5    <include
6       android:id="@+id/theEndView"
7       layout="@layout/layout_irecyclerview_load_more_footer_the_end_view" />
8    <include
9       android:id="@+id/errorView"
10      layout="@layout/layout_irecyclerview_load_more_footer_error_view" />
11    <include
12      android:id="@+id/loadingView"
13      layout="@layout/layout_irecyclerview_load_more_footer_loading_
view" />
14 </merge>
```

merge 主要是进行 UI 布局的优化，删除多余的层级，优化 UI。<merge/>多用于替换 frameLayout，或者当一个布局包含另一个布局时，<merge/>标签用于消除师徒层次结构中多余的视图组。例如，你的主布局文件是垂直的，此时如果引入一个垂直布局的<include>，这时如果 include 布局使用的是 LinearLayout 则就没意义了，使用的话反而会减慢你的 UI 表现。这时可以使用<merge/>标签优化。<merge>标签也就是排除一个布局插入另一个布局产生的多余的 viewgroup。<merge />只能作为 XML 布局的根标签使用。当 Inflate 以<merge />开头的布局文件时，必须指定一个父 ViewGroup，并且必须设定 attachToRoot 为 true。

IRecyclerView 的使用步骤如下。

① 需要在 layout 里面声明它，给它一个 id。

② 在 activity/fragment 中声明 IRecyclerView。

③ 因为 IRecyclerView 是继承自 RecyclerView 的，所以直接使用 RecyclerView.Adapter 就可以了，设置 adapter 时，使用 setIAdapter，其他地方和我们使用 RecyclerView 一样。

④ 设置下拉刷新。主要分为 3 个步骤：

- 我们需要一个继承自 RefreshTrigger 的 view 来作为刷新时的刷新页面，我们使用的是类 ClassicRefreshHeaderView。
- 开启我们的刷新功能。
- 设置刷新的函数返回函数。

（2）LoadingPage

LoadingPage 是根据当前状态来显示不同页面的自定义控件，主要具有未加载、加载中、加载失败、数据为空、加载成功等状态，根据不同的状态显示不同的布局。具体代码请扫描下方二维码。

3-8-4

其实思路就是实现在不同状态中做不同的操作，显示不同的布局。接下来是 inflate 的布局文件（只列举一个 page_loading，其他的 page_error、page_empty 参见代码文件包）；page_loading.xml 的具体代码如下：

```
1 <?xml version="1.0" encoding="utf-8"?>
2 <LinearLayout
3     xmlns:android="http://schemas.android.com/apk/res/android"
4     android:id="@+id/loading"
5     android:layout_width="match_parent"
6     android:layout_height="match_parent"
7     android:gravity="center"
8     android:orientation="vertical">
9     <ProgressBar
10        android:id="@+id/progressBar_loading"
11        android:layout_width="wrap_content"
12        android:layout_height="wrap_content"
13        android:indeterminateDrawable="@drawable/custom_progress"/>
14 </LinearLayout>
```

新闻列表界面的整体布局文件的具体代码请扫描下方二维码。

3-8-5

## 【任务 3-9】新闻列表 item 界面

### 【任务分析】

移动新闻客户端项目在显示新闻列表时，新闻数据需要不止一种 item 显示，对于复杂的数据就需要多种 item，以不同的样式显示出来，这样效果比较好。新闻列表的 3 种 item 效果如图 3-4 所示。

图 3-4　新闻列表的 3 种 item 效果

**【任务实施】**

（1）新闻底部信息

从上面的 item 布局可以看到，item 分为 3 种类型：一种是单张大图的；一种是 3 张图的；还有一种是单张图的。这 3 种 item 布局的下方是一致的，包含发布时间、新闻来源和一根灰色线条，所以我们首先建立一个共同的 bottom 布局。具体代码请扫描下方二维码。

3-9-1

（2）单张大图布局

单张大图布局非常简单，就是一个 ImageView 放置图片，下面一个 TextView 放置标题，需要注意的是，3 个 item 布局的标题 TextView 的 id 都命名为 item_news_tv_title，以便 Adapter 统一处理，每个布局的最后包含一个共同的 bottom 布局。具体代码请扫描下方二维码。

3-9-2

其他两个布局和单张大图布局比较类似，这里就不再赘述。

## 【任务 3-10】新闻 API 接口类

**【任务分析】**

新闻 API 接口类主要提供各频道新闻 API 接口集合，这些接口访问后，提供 JSON 格式的新闻数据，我们使用的是网易新闻提供的 API 接口，该 API 接口有通过列表获取详细新闻网址的变换方法。

**【任务实施】**

（1）新闻 API 接口

新闻 API 接口首先有一个统一的前缀，我们可以把统一的前缀定义为 host，其他所有的网址都是根据频道的 ID 拼接而成，单击新闻列表某条新闻，其新闻详情对应的 URL 也可以根据列表的网址拼接而成。具体代码请扫描下方二维码。

3-10-1

（2）新闻列表 JSON 数据

根据上述 API，我们可以看到 http://c.m.163.com/nc/article/list/T1348649580692/0-20.html 网址访问后就可以得到科技的 JSON 数据。

新闻列表 JSON 数据示例，具体代码请扫描下方二维码。

3-10-2

## 【任务 3-11】新闻列表数据实体类

**【任务分析】**

根据上述新闻列表的 JSON 数据，我们可以建立新闻列表数据实体类，实体类的属性和 JSON 的对象基本一一对应。

**【任务实施】**

根据新闻列表 JSON 数据，我们可以得到一个对象的具体内容。其中，postid 作为标识，直接可以拼接产生新闻详情的 URL；title 表示新闻标题；source 表示新闻来源；ptime 表示新闻发布时间；imgsrc 表示新闻图片，单张普通新闻图片就是用它；imgextra 表示额外图片，当计数值大于 1 时表示多图新闻；hasAD：如果值为 1，则 imgsrc 是横屏大图。具体代码请扫描下方二维码。

3-11-1

## 【任务 3-12】OkHttp3 访问网络

【任务分析】

根据上述新闻列表的 JSON 数据，我们可以建立新闻列表数据实体类，实体类的属性和 JSON 的对象基本一一对应。

【任务实施】

（1）OkHttp3 开源框架

OkHttp 是一个 HTTP（超文本传输协议）网络请求的框架，OkHttp 是一个高效的 HTTP 客户端，适用于 Android 和 Java 应用程序。从 Android 4.4 开始 Google 已经将源码中的 HttpURLConnection 替换为 OkHttp，而在 Android 6.0 之后的 SDK 中 Google 更是移除了对于 HttpClient 的支持

OkHttp 有如下特性：① 支持 Http2，对一台机器的所有请求共享同一个 socket；② 内置连接池，支持连接复用，减少延迟；③ 支持透明的 gzip 压缩响应体；④ 通过缓存避免重复的请求；⑤ 请求失败时自动重试主机的其他 IP（网际协议地址），自动重定向。

新闻客户端的访问网络非常简单，使用的是 OkHttp 默认使用的 get 请求，具体代码如下：

```
1 package cn.dgpt.netnews.http;
2 import okhttp3.Callback;
3 import okhttp3.OkHttpClient;
4 import okhttp3.Request;
5 public class HttpUtil {
6     /**
7      * 用 OKHttp 发送请求
8      * @param address
9      * @param callback
10     */
11     public static void sendOKHttpRequest(String address, Callback callback){
12         OkHttpClient client = new OkHttpClient();
13         Request request = new Request.Builder().url(address).build();
14         client.newCall(request).enqueue(callback);
15     }
16 }
```

（2）Callback 回调机制

网络请求是一个耗时操作，所以需要开启一个子线程来发起网络请求，同时，由于耗

时逻辑都是在子线程里进行的，那么服务器响应的数据就无法返回，这时应该考虑使用回调机制来返回数据。具体代码如下：

```
1       HttpUtil.sendOKHttpRequest(mUrl, new Callback() {
2           @Override
3           public void onFailure(Call call, IOException e) {
4               LogUtils.e(TAG, "requestData" + e.toString());
5
6           }
7           @Override
8           public void onResponse(Call call, Response response) throws
IOException {
9               String result = response.body().string();
10
11          }
12      });
13   }
14 });
```

onResponse()方法会在服务器成功响应请求时调用，参数 response 代表服务器返回的数据，onFailure()方法会在网络操作出现错误时调用，参数 e 记录着错误的详细信息。

（3）添加网络权限

因为应用需要访问网络，所以添加如下权限，其代码如下：

```
1       <uses-permission android:name="android.permission.INTERNET" />
```

## 【任务 3-13】DataParse 解析 JSON 数据类

**【任务分析】**

JSON（JavaScript Object Notation）是一种轻量级的数据交换格式，相比于 XML 这种数据交换格式来说，因为解析 XML 比较复杂，而且需要编写大段的代码，所以客户端和服务器的数据交换格式往往通过 JSON 来进行交换。

JSON 共有两种数据结构，一种是以 key/value 对形式存在的无序的 jsonObject 对象，一个对象以“{”（左花括号）开始，“}”（右花括号）结束，每个“名称”后跟一个“:”（冒号），“‘名称/值’对”之间使用“,”（逗号）分隔；另一种是有序的 value 的集合，即 jsonArray，数组是 value 的有序集合，例如："productCodes": ["WXZX","TCTHCS","TCTH", "WXZXCP","TCGJJP"]。

通过 OkHttp3 去访问网络 URL，获取到 JSON 数据之后，需要对 JSON 数据进行解析，获得对应的实体对象或实体对象集合供列表使用。

**【任务实施】**

解析新闻列表数据首先需要新闻列表数据的实体类，我们在任务 3-11 中已经给出了 NewsListNormalBean 文件，就是新闻列表数据的实体类，并在任务 3-10 中获取了新闻列表

JSON 数据，可以看出 JSON 数据中含有中括号[]，说明该括号内的数据为集合数据，因此需要使用集合数据的数据解析方法进行解析。具体代码请扫描下方二维码。

3-13-1

## 【任务 3-14】新闻列表适配器

**【任务分析】**

在拿到新闻列表的对象集合之后，需要把集合中的数据显示到 NewsListFragment 的 IRecyclerView 中，因为 IRecyclerView 是继承自 RecyclerView 的，所以拥有 RecyclerView 的所有功能。我们就需要写一个继承自 RecyclerView.Adapter 的适配器来完成数据和 item 控件之间的绑定。需要注意的是，IRecyclerView 在设置 Adapter 时，使用 setIAdapter，其他地方和我们使用 RecyclerView 一样。

**【任务实施】**

（1）多个 item 类型的定义

从任务 3-9 可知，IRecyclerView 中有多种 item 显示出来，所以首先需要定义 3 种 item 的类型：

```
private static final int BIG_IMG = 0;
private static final int SMALL_IMG = 1;
private static final int THREE_IMG = 2;
```

BIG_IMG 表示单张大图的 item，SMALL_IMG 表示普通的右边小图的 item，THREE_IMG 表示有 3 张图的 item。

（2）getItemViewType()方法

在 RecyclerView 中，可以重写方法 getItemViewType()，这个方法会传进一个参数 position 表示当前是第几个 item，然后可以通过 position 拿到当前的 item 对象，接着判断这个 item 对象需要哪种视图，返回一个 int 类型的视图标志，最后在 onCreatViewHolder 方法中给引入布局，这样就能够实现多种 item 显示了。具体代码如下：

```
1 public int getItemViewType(int position) {
2   int viewType = SMALL_IMG;
3   NewsListNormalBean newsListNormalBean = mNewsListNormalBeanList.get
(position);
4   int hasAd = newsListNormalBean.getHasAD();
5   List<NewsListNormalBean.ImgextraBean> imgextraBeenlist =
newsListNormalBean.getImgextra();
6   if (hasAd == 1) {
7       viewType = BIG_IMG;
```

```
8    } else if (imgextraBeenlist != null && imgextraBeenlist.size() > 1) {
9        viewType = THREE_IMG;
10    }
11    return viewType;
12 }
```

首先我们重写了getItemViewType这个方法，在这个方法中根据position对item对象做了一些判断，默认情况为SMALL_IMG，如果hasAd为1，表示是banner新闻，返回为单张大图类型，如果imgextraBeenlist.size() > 1，也就是额外图片超过一张的话，返回三图类型。

（3）onCreatViewHolder()

该方法生成用于持有每个View的ViewHolder，实现复用onCreateViewHolder，在该方法中为每种不同的类型引入不同item的布局。具体代码如下：

```
1  public NewsListAdapter.BaseViewHolder onCreateViewHolder(ViewGroup
parent, int viewType) {
2    //根据viewType返回不同的view，此viewType从getItemViewType方法中获得
3    View view;
4    if (viewType == BIG_IMG) {
5        view = View.inflate(mContext, R.layout.item_news_big_pic, null);
6        return new BigImgViewHolder(view);
7    } else if (viewType == THREE_IMG) {
8        view = View.inflate(mContext, R.layout.item_news_three_pic, null);
9        return new ThreeImgViewHolder(view);
10    } else {
11        view = View.inflate(mContext, R.layout.item_news_normal, null);
12        return new SmallImgViewHolder(view);
13    }
14 }
```

（4）ViewHolder

上面的代码就是具体为每种viewType引入其对应的布局，这样就基本实现了多种item布局，但是仅仅是这些还不够，因为我们还要对每种item设置数据，所以还要对每种item写一个VIewHolder来为item显示数据，3种类型的item都用公共的底部数据，所以首先设置一个公共ViewHolder，再生成3个不同的item生成3个继承公共ViewHolder的ViewHolder。

具体代码请扫描下方二维码。

3-14-1

（5）onBindViewHolder

上面就是item对应的几个ViewHolder，判断ViewHolder属于哪种对象，然后在

onBindViewHolder 中根据对应的 ViewHolder 对其控件设置数据并显示。具体代码请扫描下方二维码。

3-14-2

在第 14～18 行使用了 Glide 图片加载库，目前在 Android 项目上，图片加载库有很多选择，Glide 是主流的加载库之一，作为一个被 Google 推荐的开源库，它有着跟随页面周期、支持 gif 和 webp、支持多种数据源等特点，并且使用起来很简单。具体代码如下：

```
14         Glide.with(mContext)
15                 .load(imageSrc)
16                 .placeholder(R.drawable.defaultbg_h)
17                 .crossFade()
18                 .into(bigImgViewHolder.big_Image);
```

在 onBindViewHolder()方法的第 22、25、27、34 行都用到了 setNetPicture()方法，该方法就是实现了使用 Glide 加载图片。具体代码如下：

```
1 private void setNetPicture(String url, ImageView img) {
2     Glide.with(mContext)
3             .load(url)
4             .placeholder(R.drawable.defaultbg)
5             .crossFade()
6             .into(img);
7 }
```

（6）重写 getItemId 和 getItemCount

获取子 View 的数量，即传过来的 List 的大小 getItemCount。具体代码如下：

```
1 public long getItemId(int position) {
2   return super.getItemId(position);
3 }
4 @Override
5 public int getItemCount() {
6   return mNewsListNormalBeanList.size();
7 }
```

（7）设置单击事件

对于 RecyclerView 的单击事件，系统没有提供接口 ClickListener 和 LongClickListener，需要自己实现。常用的方式一般有两种：第一种是使用 mRecyclerView.addOnItemTouchListener(listener)方法，根据手势动作判断；第二种是自己在 Adapter 中设置接口，然后将实现传递进去。一般使用第二种的方式。

在 onBindViewHolder 方法中代码有点多，主要看 setOnClickListener 部分，实际上还

是给普通的控件设置单击事件，在 onClick 中回调我们设置的接口，这样执行的方法就是我们想要的动作了。具体代码如下：

```
1 holder.itemView.setOnClickListener(new View.OnClickListener() {
2   @Override
3   public void onClick(View v) {
4       //IRecyclerView 的 Adapter 会默认多出两个头部 View，需要减去 2 个 position
5       int pos = holder.getIAdapterPosition();
6       if (mOnItemClickListener != null) {
7          mOnItemClickListener.onItemClick(holder.itemView, pos);
8       }
9   }
10 });
11
12 public void setOnItemClickListener(OnItemClickListener listener) {
13   this.mOnItemClickListener = listener; //设置 Item 单击监听
14 }
15 //回调接口，在调用该 Adapter 的 activity 或 fragment 中实现
16 public interface OnItemClickListener<T> {
17   void onItemClick(View v, int position);
18 }
```

单击事件的实现实际是在调用 Adapter 的 setOnItemClickListener 方法时实现，就是单击列表的一项后，调用相应的新闻详情页面来处理。具体代码请扫描下方二维码。

3-14-3

（8）在 NewsListFragment 中使用 Adapter

具体代码如下：

```
1 mNewsListAdapter = new NewsListAdapter(MyApplication.getContext(),
2 (ArrayList<NewsListNormalBean>) mNewsListNormalBeanList);
3 mIRecyclerView.setIAdapter(mNewsListAdapter);
```

Adapter 的全部代码请扫描下方二维码。

3-14-4

## 【任务 3-15】新闻列表逻辑代码

**【任务分析】**

在新闻客户端初始化后就会进入新闻模块，新闻模块就会显示初始化频道的新闻列表页面，新闻列表主要是显示从网络或缓存提取的当前最新新闻，在新闻模块 NewsFragment 中，fragment 集合需要填充实例化后的 NewsListFragment，填充的 fragment 集合传给新闻列表 Adapter，适配 ViewPager，显示新闻列表。

**【任务实施】**

（1）向 Fragment 传递参数

Fragment 在开发中是经常使用的，我们在创建一个 Fragment 对象实例时一般都会通过 new Fragment()构造方法来实现。如果在创建 Fragment 时需要向其传递数据，则可以通过构造方法直接来传递参数，或者通过 Fragment.setArguments(Bundle bundle)这种方式来传递参数。这两种参数传递方式大概如下。

方式一：通过构造方法传递参数。

在创建 Fragment 时，使用 MyFragment fragment = new MyFragment(parameter)来传递参数。具体代码如下：

```
1 public class NewsListFragment extends BaseFragment {
2   public NewsListFragment(String tid) {
3 //将参数保存起来
4       }
5 }
```

方式二：通过 Fragment.setArguments(Bundle)传递参数。具体代码如下：

```
1 public static NewsListFragment newInstance(String tid) {
2   Bundle bundle = new Bundle();
3   bundle.putSerializable(KEY, tid);
4   NewsListFragment fragment = new NewsListFragment();
5   fragment.setArguments(bundle);
6   return fragment;
7 }
```

看上去这两种方式没有什么本质的区别，但是通过构造方法传递参数的方式是有隐患的。根据 Android 文档说明，当一个 Fragment 重新创建时，系统会再次调用 Fragment 中的默认构造函数，注意是默认构造函数。即当创建了一个带有参数的 Fragment 之后，一旦由于什么原因（例如横竖屏切换）导致 Fragment 重新创建，那么很遗憾，之前传递的参数都不见了，因为使用 recreate 方法重建 Fragment 时，调用的是默认构造函数。因此，官方推荐使用 Fragment.setArguments(Bundle bundle)这种方式来传递参数，而不推荐通过构造方法直接来传递参数。

在 NewsFragment 实例化 NewsListFragment 的代码如下：

```
1       baseFragment = NewsListFragment.newInstance(myChannelList.get(i).getTid());
```

（2）初始化界面元素

onCreateView 是创建的时候调用，每次创建、绘制该 Fragment 的 View 组件时回调该方法，Fragment 将会显示该方法返回的 View 组件。onViewCreated 是在使用 onCreateView 方法后被触发的事件，主要用来初始化布局上的各个控件。具体代码请扫描下方二维码。

3-15-1

第 10 行主要初始化显示页面状态控件 LoadingPage，第 11 行初始化显示新闻列表控件 IRecyclerView，第 12 行设置布局管理器为默认的垂直布局，第 13 行设置条目间分割线，这里自定义了一个 DividerGridItemDecoration，用于网格布局的分隔。第 14 行设置上拉刷新页面，第 16～18 行设置下拉刷新页面，第 20 行是一个显示 LoadingPage 的正在加载状态的方法。具体代码如下：

```
10      mLoadingPage = (LoadingPage) mView.findViewById(R.id.loading_page);
11      mIRecyclerView = (IRecyclerView) mView.findViewById(R.id.
iRecyclerView);
12      mIRecyclerView.setLayoutManager(new LinearLayoutManager
(getActivity()));
13      mIRecyclerView.addItemDecoration(new DividerGridItemDecoration
(getActivity()));
14      mLoadMoreFooterView = (LoadMoreFooterView)
        mIRecyclerView.getLoadMoreFooterView();
15      //初始化刷新
16      ClassicRefreshHeaderView classicRefreshHeaderView = new
ClassicRefreshHeaderView(getActivity());
17      classicRefreshHeaderView.setLayoutParams(new LinearLayout.
LayoutParams(LinearLayout.LayoutParams.MATCH_PARENT, DensityUtils.dip2px
(getActivity(), 80)));
18      //we can set view
20      showLoadingPage();
```

（3）自定义分割线

IRecyclerView 通过 addItemDecoration()方法添加 item 之间的分割线。Android 并没有提供实现好的 Divider，因此任何分割线样式都需要自己实现。自定义间隔样式需要继承 RecyclerView.ItemDecoration 类，该类是个抽象类，官方目前并没有提供默认的实现类，主要有 3 个方法。

- ❑ onDraw(Canvas c, RecyclerView parent, State state)：在 Item 绘制之前被调用，该方法主要用于绘制间隔样式。
- ❑ onDrawOver(Canvas c, RecyclerView parent, State state)：在 Item 绘制之前被调用，该方法主要用于绘制间隔样式。
- ❑ getItemOffsets(Rect outRect, View view, RecyclerView parent, State state)：设置 item

的偏移量，偏移的部分用于填充间隔样式，即设置分割线的宽、高；在 RecyclerView 的 onMesure()中会调用该方法。具体代码请扫描下方二维码。

3-15-2

第 44～60 行表示绘制水平线，第 61～76 行表示绘制垂直线，第 77～105 行表示判断是否是最后一列，第 106～137 行表示判断是否是最后一行。具体代码如下：

```
44     public void drawHorizontal(Canvas c, RecyclerView parent)
45     {
46         int childCount = parent.getChildCount();
47         for (int i = 0; i < childCount; i++)
48         {
49             final View child = parent.getChildAt(i);
50             final RecyclerView.LayoutParams params = (RecyclerView.
LayoutParams) child
51                     .getLayoutParams();
52             final int left = child.getLeft() - params.leftMargin;
53             final int right = child.getRight() + params.rightMargin
54                     + mDivider.getIntrinsicWidth();
55             final int top = child.getBottom() + params.bottomMargin;
56             final int bottom = top + mDivider.getIntrinsicHeight();
57             mDivider.setBounds(left, top, right, bottom);
58             mDivider.draw(c);
59         }
60     }
61     public void drawVertical(Canvas c, RecyclerView parent)
62     {
63         final int childCount = parent.getChildCount();
64         for (int i = 0; i < childCount; i++)
65         {
66             final View child = parent.getChildAt(i);
67             final RecyclerView.LayoutParams params = (RecyclerView.
LayoutParams) child
68                     .getLayoutParams();
69             final int top = child.getTop() - params.topMargin;
70             final int bottom = child.getBottom() + params.bottomMargin;
71             final int left = child.getRight() + params.rightMargin;
72             final int right = left + mDivider.getIntrinsicWidth();
73             mDivider.setBounds(left, top, right, bottom);
74             mDivider.draw(c);
75         }
76     }
77     private boolean isLastColum(RecyclerView parent, int pos, int spanCount,
78                             int childCount)
```

```
79    {
80        LayoutManager layoutManager = parent.getLayoutManager();
81        if (layoutManager instanceof GridLayoutManager)
82        {
83            if ((pos + 1) % spanCount == 0)    //如果是最后一列，则不需要绘制右边
84            {
85                return true;
86            }
87        } else if (layoutManager instanceof StaggeredGridLayoutManager)
88        {
89            int orientation = ((StaggeredGridLayoutManager) layoutManager)
90                    .getOrientation();
91            if (orientation == StaggeredGridLayoutManager.VERTICAL)
92            {
93                if ((pos + 1) % spanCount == 0) //如果是最后一列，则不需要绘制右边
94                {
95                    return true;
96                }
97            } else
98            {
99                childCount = childCount - childCount % spanCount;
100                if (pos >= childCount)          //如果是最后一列，则不需要绘制右边
101                   return true;
102           }
103       }
104       return false;
105   }
106   private boolean isLastRaw(RecyclerView parent, int pos, int spanCount,
107                             int childCount)
108   {
109       LayoutManager layoutManager = parent.getLayoutManager();
110       if (layoutManager instanceof GridLayoutManager)
111       {
112           childCount = childCount - childCount % spanCount;
113           if (pos >= childCount)              //如果是最后一行，则不需要绘制底部
114               return true;
115       } else if (layoutManager instanceof StaggeredGridLayoutManager)
116       {
117           int orientation = ((StaggeredGridLayoutManager) layoutManager)
118                   .getOrientation();
119           //StaggeredGridLayoutManager 且纵向滚动
120           if (orientation == StaggeredGridLayoutManager.VERTICAL)
121           {
122               childCount = childCount - childCount % spanCount;
123               //如果是最后一行，则不需要绘制底部
124               if (pos >= childCount)
125                   return true;
126           } else
127           //StaggeredGridLayoutManager 且横向滚动
```

```
128             {
129                 //如果是最后一行，则不需要绘制底部
130                 if ((pos + 1) % spanCount == 0)
131                 {
132                     return true;
133                 }
134             }
135         }
136         return false;
137     }
```

（4）初始化数据

初始化数据较为简单，主要是通过 getArguments()方法获得传入的参数值——频道 ID 号，初始化线程池，然后拼接成完整的网址，网址结构参见任务 3-10，准备读取数据。具体代码如下：

```
1 public void initValidata() {
2    if (getArguments() != null) {
3        //取出保存的频道 TID
4        tid = getArguments().getString("TID");
5    }
6    //创建线程池
7    mThreadPool = ThreadManager.getThreadPool();
8    mUrl = Api.CommonUrl + tid + "/" + mStartIndex + Api.endUrl;
9    getNewsFromCache();
10 }
```

（5）读取缓存数据并解析

从缓存或网络读取数据已经解析数据耗时比较长，我们需要把这些任务放到线程中去处理，在任务 3-3 中，已经详细讲解了 LocalCacheUtils 缓存工具类，getLocalCache()方法可以根据网址提取缓存中的最近新闻列表 JSON 数据，在子线程中，提取数据后使用任务 3-13 中数据解析工具类的 NewsList()方法，可以将新闻列表 JSON 数据转换得到新闻列表实体集合，获得新闻列表实体集合数据后，我们把数据交给 Handler 通过 Message 传回 UI 线程去处理。

如果缓存中的数据时间超过 3 个小时（参见任务 3-4，BaseFragment 中 isLastNews()方法）或者没有缓存数据，就需要从网络请求数据。具体代码请扫描下方二维码。

3-15-3

（6）网络读取数据

根据任务 3-12 可知，我们采用 OkHttp3 开源框架来访问网络获取数据，OkHttp3 采用 Callback 回调机制来返回数据，我们只需要实现 Callback 接口的 onResponse()和 onFailure()方法，onResponse()方法会在服务器成功响应请求时调用，参数 response 代表服务器返回的

数据，onFailure()方法会在网络操作出现错误时调用，参数 e 记录着错误的详细信息。

在服务器成功响应时，我们通过 response.body().string()就可以获得服务器返回的新闻列表 JSON 数据，通过 DataParse 数据解析工具类的 NewsList()方法，可以将新闻列表 JSON 数据转换得到新闻列表实体集合，获得新闻列表实体集合数据后，我们还是把数据交给 Handler 通过 Message 传回 UI 线程去处理；然后需要把最新返回的新闻列表 JSON 数据和当前时间以 URL 访问网址为关键字保存到缓存中，以便下次可以从缓存提取数据。

在网络操作出现错误时，我们直接发送错误消息给 Handler 来处理。具体代码请扫描下方二维码。

3-15-4

（7）Handler 消息机制

Android 中操作 UI 控件需要在主线程中进行，为了打破对主线程的依赖（将耗时操作在后台线程执行，而将执行结果在 UI 线程中操作 UI 显示），Android 引入了 Handler 消息传递机制。

Android 的 UI 操作必须要在主线程中进行，因为在多线程中同时执行 UI 操作是不安全的，但是耗时操作需要在后台线程执行，避免 ANR（Application Not Responding，程序未响应），也就是说，如果我们进行了耗时操作，如网络加载图片后，又想显示在 ImageView 上，那么就需要进行线程间切换，使用 Handler 将后台线程切换到主线程上后，进行 UI 操作。

使用 Handler 的主要有以下步骤。

① 自定义消息。具体代码如下：

```
1 public final int HANDLER_SHOW_NEWS = 11;
2 public final int HANDLER_SHOW_ERROR = 12;
3 public final int HANDLER_SHOW_REFRESH_LOADMORE = 13;
4 public final int HANDLER_SHOW_REFRESH_LOADMORE_ERRO = 15;
```

② 创建 Handler 对象，复写 handleMessage 方法。具体代码如下：

```
1 private Handler mHandler = new Handler(new Handler.Callback() {
2   @Override
3   public boolean handleMessage(Message message) {
4      int what = message.what;
5   }
6 });
```

③ 从子线程中发出消息。具体代码如下：

```
1 Message message = mHandler.obtainMessage();
2 message.what = HANDLER_SHOW_NEWS;
3 mHandler.sendMessage(message);
```

④ 在 handleMessage 里面的 switch 结构中根据不同的常量选择对应的 case 分支执行相关操作。

如果从网络或者缓存拿到新闻列表数据，执行 HANDLER_SHOW_NEWS 分支，绑定拿到的数据，显示新闻列表页面；如果没有拿到网络数据，显示报错信息；如果缓存有数据的话，不显示 LoadingPage 的错误页面。具体代码请扫描下方二维码。

3-15-5

（8）绑定显示数据

在拿到网络或存储数据后，需要进行绑定数据，并将绑定数据显示在页面上。绑定数据主要是设置 IRecyclerView 的 Adapter，详情见任务 3-14。在绑定 Adapter 后数据就可以显示在 IRecyclerView 上，接下来处理 Adapter 的单击回调接口，该接口实现 onItemClick() 方法即可，在该方法中，我们获取单击新闻列表数据对应的新闻详情实体 ID，然后如果是单张大图情况，就转到 PicDetailActivity 去显示新闻详情，如果是单图新闻或三图新闻就由 NewsDetailActivity 来处理，传到 Activity 数据是新闻详情的 ID。具体代码请扫描下方二维码。

3-15-6

显示新闻列表页面主要设置 IRecyclerView 控件，隐藏 LoadingPage 页面。具体代码如下：

```
1 private void showNewsListPage() {
2   mIRecyclerView.setVisibility(View.VISIBLE);
3   mLoadingPage.setSuccessView();
4 }
```

（9）处理数据刷新

在任务 3-8 中介绍了 IRecyclerView 实现上拉刷新和下拉刷新的页面以及定义的回调接口，需要在 NewsListFragment 中实现下拉和上拉刷新的接口。具体代码如下：

```
1 public void initListener() {
2   mIRecyclerView.setOnRefreshListener(new OnRefreshListener() {
3      @Override
4      public void onRefresh() {
5         DownToRefresh();
6      }
7   });
8   mIRecyclerView.setOnLoadMoreListener(new OnLoadMoreListener() {
```

```
9        @Override
10        public void onLoadMore() {
11  if (mLoadMoreFooterView.canLoadMore() && mNewsListAdapter.getItemCount() > 0)
12   {
13                PullUpToRefresh();
14          }
15       }
16    });
17 }
```

可以看出下拉需要实现方法 DownToRefresh()，上拉加载更多需要实现方法 PullUpToRefresh()。

下拉刷新的代码和从网络获取数据的代码类似，在线程中访问网络，获取新闻列表 JSON 数据不解析，直接发送到 Handler 去处理。具体代码请扫描下方二维码。

3-15-7

上拉刷新的代码和从网络获取数据的代码类似，在线程中访问网络，获取新闻列表 JSON 数据不解析，直接发送到 Handler 去处理。与下拉刷新不同的是，上拉刷新获取数据时，起始页面每次需要加 20，而下拉刷新获取数据时，每次还是获取 0-20.html 的数据，具体 URL 的拼接规则请参阅任务 3-10。具体代码请扫描下方二维码。

3-15-8

在上拉和下拉刷新方法执行后，数据被封装到 Message 交给 Handler 处理，我们来看看 Handler 怎么处理没有解析的刷新来的 JSON 数据。具体代码如下：

```
1 case HANDLER_SHOW_REFRESH_LOADMORE:
2   result = (String) message.obj;
3   newlist = DataParse.NewsList(result, tid);
4   DataChange();
5   isConnectState = false;
6   break;
7 case HANDLER_SHOW_REFRESH_LOADMORE_ERRO:
8   error = (String) message.obj;
9   ToastUtils.showShort(error);
10   mIRecyclerView.setRefreshing(false);
11  mLoadMoreFooterView.setStatus(LoadMoreFooterView.Status.ERROR);
```

```
12    isConnectState = false;
13    break;
```

可以看出，当刷新数据不成功时，弹出报错信息，设置 LoadMoreFooterView 页面状态为错误状态。

当刷新成功时，刷新到的数据被解析到 newlist 对象集合，再用 DataChange()方法处理。具体代码如下：

```
1 private void DataChange() {
2    if (newlist != null) {
3        isPullRefreshView();
4        ToastUtils.showShort("数据已更新");
5    } else {
6        ToastUtils.showShort("数据请求失败");
7    }
8    mIRecyclerView.setRefreshing(false);
9 }
```

可以看出，当 newlist 有数据时，数据交给 isPullRefreshView()处理，然后显示数据已更新，否则显示数据请求失败，停止刷新。具体代码如下：

```
1 public void isPullRefreshView() {
2    if (isPullRefresh) {
3        //是下拉刷新，目前无法刷新到新数据
4        newlist.addAll(mNewsListNormalBeanList);
5        mNewsListNormalBeanList.removeAll(mNewsListNormalBeanList);
6        mNewsListNormalBeanList.addAll(newlist);
7    } else {
8        //上拉刷新
9        mNewsListNormalBeanList.addAll(newlist);
10        mLoadMoreFooterView.setStatus(LoadMoreFooterView.Status.GONE);
11    }
12    mNewsListAdapter.notifyDataSetChanged();
13 }
```

首先判断是上拉刷新还是下拉刷新，再执行相应的数据加载方法。下拉刷新时，把刷新的数据加载到数据集的最前面，数据集更新后，Adpter 处理数据更新，IRecyclerView 列表会将最新新闻显示在最上面。如果是上拉刷新，把刷新的数据加载到数据集的最后面，同样 Adpter 处理数据更新，IRecyclerView 列表会将最新新闻显示在最下面。

整个新闻列表逻辑的具体代码请扫描下方二维码。

3-15-9

# 3.3 新 闻 详 情

## 任务综述

新闻详情模块主要是展示从网络获取的新闻详情信息，主要完成以下子任务：加载数据的过程中需要提示“正在加载”的反馈信息给用户；加载成功后，将加载得到的数据填充到 WebView 展示给用户；若加载数据失败，如无网络连接，则需要给用户提示信息。

【知识点】

- ❑ WebView 控件。
- ❑ HTML 文本处理。

【技能点】

- ❑ WebView 的应用，WebView 的设置。
- ❑ HTML 中图片的处理。

## 【任务 3-16】新闻详情界面

【任务分析】

移动新闻客户端项目的新闻详情效果如图 3-5 所示，整个布局主要放置标题、作者名称以及发布时间等 3 个 TextView 控件，显示新闻内容的 WebView 控件和一个显示页面状态控件 LoadingPage。

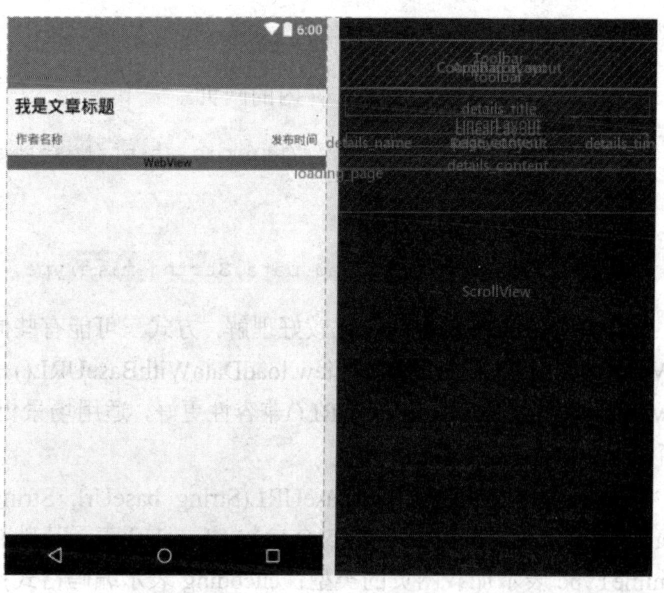


图 3-5 新闻详情效果

**【任务实施】**

布局首先放置 ScrollView 控件实现新闻详情可以在垂直方向滚动，这意味着需要在其上放置有自己滚动内容的子元素。子元素可以是一个复杂的对象的布局管理器。通常用的子元素是垂直方向的 LinearLayout，显示在最上层的垂直方向可以让用户滚动的箭头。接下来放置的是新闻的标题、作者名称以及发布时间，后面放置显示新闻详细内容的 WebView。具体的布局代码请扫描下方二维码。

3-16-1

## 【任务 3-17】WebView

**【任务分析】**

WebView 是 Android 中一个非常重要的控件，它的作用是用来展示一个 Web 页面。它使用的内核是 webkit 引擎，4.4 版本之后，直接使用 Chrome 作为内置网页浏览器。主要用作显示和渲染网页；可与页面 JavaScript 交互，实现混合开发。

**【任务实施】**

（1）加载页面

WebView 加载页面一般有以下几种形式。

方式一：加载一个网页。

```
webView.loadUrl("http://www.baidu.com");
```

方式二：加载应用资源文件内的网页。

```
webView.loadUrl("file:///android_asset/test.html");
```

方式三：加载一段代码。

```
webView.loadData(String data,String mimeType, String encoding);
```

其中，方式一和方式二比较好理解，方式三可能有些同学不明白，这里着重解释一下。WebView.loadData()和 WebView.loadDataWithBaseURL()是表示加载某一段代码，其中，WebView.loadDataWithBaseURL()兼容性更好，适用场景更多，因此，笔者着重介绍一下这个方法。

WebView.loadDataWithBaseURL(String baseUrl, String data, String mimeType, String encoding, String historyUrl)的 5 个参数：baseUrl 表示基础的网页；data 表示要加载的内容；mimeType 表示加载网页的类型；encoding 表示编码格式；historyUrl 表示可用历史记录，可以为 null 值。在移动新闻客户端中，我们使用这个方法加载数据。

```
1  mWebView.loadDataWithBaseURL(null, htmlbody, "text/html", "UTF-8", "");
```

（2）WebSettings

WebSettings 用于管理 WebView 状态配置，当 WebView 第一次被创建时，WebView 包含一个默认的配置，这些默认的配置将通过 get 方法返回，通过 WebView 中的 getSettings 方法获得一个 WebSettings 对象，如果一个 WebView 被销毁，在 WebSettings 中所有回调方法将抛出 IllegalStateException 异常。具体代码请扫描下方二维码。

3-17-1

（3）WebViewClient 与常用事件监听

前面我们虽然实现了交互，但可能会有一个很简单的需求，就是在开始加载网页时显示进度条，加载结束以后隐藏进度条，这要怎么做？

对于这些简单的需求，有关各种事件的回调都被封装在 WebViewClient 类中了，在 WebViewClient 和 WebChromeClient 中有各种的回调方法，就是在某个事件发生时供我们监听。

WebViewClient 主要用于在影响 View 的事件到来时，会通过 WebViewClient 中的方法回调通知用户；WebChromeClient 主要用于当影响浏览器的事件到来时，就会通过 WebChromeClient 中的方法回调通知用法。WebViewClient 和 WebChromeClient 都是针对不同事件的回调，在 WebViewClient 中，我们重写的两个函数，onPageStarted 会在 WebView 开始加载网页时调用，onPageFinished 会在加载结束时调用。这两个函数就可以完成我们开篇时的需求：在开始加载时显示进度条，在结束加载时隐藏进度条。持续加载进度条数据放在 WebChromeClient 的 onProgressChanged()里可能会更为准确。具体代码请扫描下方二维码。

3-17-2

（4）WebView 与 JavaScript 交互

首先你要在 WebView 开启 JavaScript，然后搭建桥梁，代码如下：

```
1 mWebSettings.setJavaScriptEnabled(true);  //开启 JavaScript
```

为了与 Web 页面实现动态交互，Android 应用程序允许 WebView 通过 WebView.addJavascriptInterface 接口向 Web 页面注入 Java 对象，页面 JavaScript 脚本可直接引用该对象并调用该对象的方法。mWebView.addJavascriptInterface(new JavaScriptInterface(), "androidMethod")相当于添加一个 js 回调接口，然后给这个起一个别名，这里起的名字为 androidMethod。@android.webkit.JavascriptInterface 为了解决 addJavascriptInterface 漏洞的，在 Android 4.2 以后才有的。具体代码如下：

```
1 mWebView.addJavascriptInterface(new JavaScriptInterface(), "androidMethod");
2/**
3 * 被 JavaScript 调用的 Android 方法
4 *  单击 WebView 中的图片能够跳转到 PhotoActivity 中查看大图
5 */
6 class JavaScriptInterface {
7    /**
8     * 在 JavaScript 中获得 HTML 中的图片 url
9     * @param imageUrl  图片 url
10     */
11   @android.webkit.JavascriptInterface
12    public void startPhotoActivity(String imageUrl) {
13        Intent intent = new Intent(NewsDetailActivity.this, PhotoActivity.
class);
14        intent.putExtra("image_url", imageUrl);
15        startActivity(intent);
16    }
17 }
```

Android（Java）访问 js（HTML）端代码是通过 loadUrl 函数实现的，访问格式如下：

```
1 mWebView.loadUrl("javascript:(" + IOUtils.readFromFile("js.txt") + ")()");
```

编写 js 接口类，在 js 中调用 Android 中的 startPhotoActivity()方法。具体代码如下：

```
1 function()
2 {
3    var imgs = document.getElementsByTagName("img");
4    for(var i = 0; i < imgs.length; i++)
5    {
6        imgs[i].onclick = function()
7        {
8            androidMethod.startPhotoActivity(this.src);
9        }
10    }
11 }
```

上面代码就实现了在 WebView 显示页面，单击其中图片后，js 就会调用 Android 的 startPhotoActivity()方法显示该图片。

## 【任务 3-18】新闻详情数据实体类

### 【任务分析】

通过 URL 可以获取新闻详细信息的 JSON 数据，我们可以建立新闻详细数据实体类，实体类的属性和 JSON 的对象基本一一对应。

**【任务实施】**

（1）新闻详情 JSON 数据

新闻列表的 JSON 数据被解析后会显示在 IRecycleView 上，根据 postid 可以拼接出新闻详情页的网址：http://c.m.163.com/nc/article/ELIVR29H00097U7R/full.html，访问该网址就可以得到新闻详情页面的 JSON 数据。具体代码请扫描下方二维码。

3-18-1

（2）新闻详情实体类

新闻详细数据量非常大，我们常用的实体类如下：body 表示新闻内容，title 表示新闻标题，ptime 表示发布时间，source 表示来源，List<ImgBean> img 表示新闻中用到的图片。具体代码请扫描下方二维码。

3-18-2

## 【任务 3-19】新闻详情图片标志的替换

**【任务分析】**

从任务 3-18 可以看到，网络传回的新闻详情 JSON 数据中的 body 部分中图片的显示格式是<!--IMG#" + i + "-->，i 取值 1,2,3 表示放置的是第几章图片，而在 WebView 中显示的话，则不是 HTML 的标准标记，所以需要转换成<img" + " src=\"" + imgSrcs.get(i). getSrc() + "\"" + "/>这种格式的标记才能在 WebView 中显示。

**【任务实施】**

（1）新闻详情 body 部分字符转换

从网络获取的新闻详情 body 部分的数据是一个 HTML 文本，但图片标记<!--IMG#i-->在 WebView 中无法显示出图片，所以该方法主要将图片替换为能够直接使用的标签，即将<!--IMG#i-->转换成<img src="xxx">，后面的标签才能在 WebView 中显示出新闻内容中的图片。其中 imgSrcs 表示从网络新闻详情 JSON 数据中获取到的图片资源数组。主要操作就是一个字符串的替换操作。具体代码如下：

```
1 private String changeNewsBody(List<NewsDetailBean.ImgBean> imgSrcs, String
newsBody) {
2   String oldChars = "";
```

```
3    String newChars = "";
4    Log.d(TAG, "changeNewsBodybefore: " + newsBody);
5    for (int i = 0; i < imgSrcs.size(); i++) {
6       oldChars = "<!--IMG#" + i + "-->";
7       //在客户端解决 WebView 图片屏幕适配的问题，在<img 标签下添加
8  style='max-width:90%;height:auto;'即可
9       //如: "<img" + " style=max-width:100%;height:auto; " + "src=\"" +
10  imgSrcs.get(i).getSrc() + "\"" + "/>"
11       newChars = "<img" + " src=\"" + imgSrcs.get(i).getSrc() + "\"" + "/>";
12       newsBody = newsBody.replace(oldChars, newChars);
13    }
14    Log.d(TAG, "changeNewsBodyafter: " + newsBody);
15    return newsBody;
16 }
```

（2）判断新闻详情是否有图片集合

该方法主要判断新闻详情中是否包含图片集合，如果有图片，返回 true，否则返回 false。具体代码如下：

```
1 private boolean isChange(List<NewsDetailBean.ImgBean> imgSrcs) {
2   return imgSrcs != null && imgSrcs.size() >= 0;
3 }
```

（3）改变新闻详情实体对象

这个方法是对上述两个方法的封装，首先判断新闻详情中是否包含图片集合，如果包含就调用 changeNewsBody 来修改新闻内容中图片的标记。具体代码如下：

```
1 private void changeNewsDetail(NewsDetailBean newsDetail) {
2   List<NewsDetailBean.ImgBean> imgSrcs = newsDetail.getImg();
3   if (isChange(imgSrcs)) {
4      String newsBody = newsDetail.getBody();
5      newsBody = changeNewsBody(imgSrcs, newsBody);
6      newsDetail.setBody(newsBody);
7   }
8 }
```

## 【任务 3-20】新闻详情数据获取及解析

### 【任务分析】

与新闻列表不同的是，新闻详情数据并不通过缓存，而是直接从网络获取，获取的方式也是通过任务 3-12 中的 HttpUtil 工具类的 sendOKHttpRequest()方法，然后在 Callback()回调函数中获取返回的数据，获取数据后，还是通过 DataParse 数据解析工具类的新方法 NewsDetail()来把 JSON 数据解析为 NewsDetailBeen 实体对象，然后交给 Handler 来处理 UI 的数据绑定和 UI 更新。

**【任务实施】**

（1）新闻详情数据获取

具体代码请扫描下方二维码。

3-20-1

需要注意的是，在第11～17行，当获取数据失败时，我们需要在UI界面给出信息提示，并展示ErroPage，我们并不是交给Handler去处理，而是使用runOnUiThread()方法。子线程执行完要更新UI时，我们又必须回到主线程来更新，实现这一功能常用的方法是执行Activity的runOnUiThread()方法，该方法可以当需要更新UI时，“返回”到主线程，因为只有它才可以更新应用UI。具体代码如下：

```
11                      runOnUiThread(new Runnable() {
12                         @Override
13                         public void run() {
14                            Toast.makeText(mContext, e.toString(), Toast.
LENGTH_LONG).show();
15                            showErroPage();
16                         }
17                      });
```

（2）新闻详情数据解析

解析新闻详情数据首先需要新闻详情数据的实体类，我们在任务3-18中已经给出了NewsDetailBean文件就是新闻详情数据的实体类，在前面的（1）中获取了新闻详情JSON数据，可以看出是JsonObject数据，因此可以直接使用Gson的fromJson()方法反序列化为对象。具体代码请扫描下方二维码。

3-20-2

## 【任务3-21】基类BaseActivity

**【任务分析】**

BaseActivity会将Activity的一些公共部分进行集成，这也是设计BaseActivity基类其中一个准则。在移动新闻客户端中，新闻详情、图片详情、视频详情等Activity中的公共编码都封装到BaseActivity。

**【任务实施】**

新闻、图片、视频Activity等模块都包含返回上一页面的基本操作，所以在BaseActivity

中实现它。返回上一页面有多种方式实现，我们采用系统提供的 Action Bar 实现，简单来说，就是系统提供的标准组件，让我们方便地实现后退功能。主要是处理 Action Bar 的单击事件，只需要在 onOptionsItemSelected 方法中处理 android.R.id.home 的事件就可以了。id.home 就是 Action Bar 的 id。具体代码如下：

```
1 public class BaseActivity extends AppCompatActivity{
2     @Override
3     public boolean onOptionsItemSelected(MenuItem item) {
4         switch (item.getItemId()) {
5             case android.R.id.home:
6                 finish();
7                 break;
8         }
9         return true;
10    }
11 }
```

## 【任务 3-22】新闻详情逻辑代码

**【任务分析】**

在新闻列表上单击某一条新闻就会进入新闻详情模块，新闻详情模块就会显示新闻的具体内容，单张大图的新闻会由图片详情模块（会在第 4 章介绍）显示，所以新闻详情模块只负责展示普通的右边小图以及有 3 张图的新闻详情。

新闻详情逻辑代码获取新闻列表传回的新闻 ID 数据，然后初始化界面元素，并对 WebView 进行设置，再获取网络数据并解析后交给 Handler 处理，Handler 中首先执行绑定数据的方法，接下来展示新闻详情。

**【任务实施】**

（1）获取 NewsListFragment 传来的新闻 ID

为了传递每条新闻的 ID 号，在 NewsListFragment 中执行如下代码：

```
1 intent = new Intent(getActivity(), NewsDetailActivity.class);
2 intent.putExtra("DOCID", newsListNormalBean.getDocid());
3 getActivity().startActivity(intent);
```

在 NewsDetailActivity 中可以通过如下代码获得 NewsListFragment 传来的新闻 ID：

```
1 Intent intent = getIntent();
2 mDocid = intent.getStringExtra("DOCID");
```

getIntent()方法获得这个 intent，然后再使用 getStringExtra()方法，获得 string 型变量值，这个 key 必须和 putExtra()方法中的 key 一致。

（2）初始化界面元素

初始化界面元素主要是将界面的布局文件实例化为 View，然后在 View 中找到每种控件，以便下面使用，主要控件有 TextView 类型的标题、作者名称、发布时间；还有 WebView 显示新闻内容。具体代码如下：

```
1 setContentView(R.layout.activity_newsdetail);
2 initToolbar();
3 sharedPreferences = PreferenceManager.getDefaultSharedPreferences(mContext);
4 mPage_content = (LinearLayout) findViewById(R.id.page_content);
5 mLoadingPage = (LoadingPage) findViewById(R.id.loading_page);
6 details_title = (TextView) this.findViewById(R.id.details_title);
7 //设置标题加粗
8 TextPaint tp = details_title.getPaint();
9 tp.setFakeBoldText(true);
10 details_name = (TextView) this.findViewById(R.id.details_name);
11 details_time = (TextView) this.findViewById(R.id.details_time);
12 mWebView = (WebView) this.findViewById(R.id.details_content);
13 showLoadingPage();
```

（3）Handler 处理消息

在初始化界面元素之后会执行任务 3-17 的 WebView 设置、WebView 与 JavaScript 交互以及任务 3-20 的新闻详情数据获取及解析，在解析之后就会交给 Handler 来处理，Handler 首先会发送消息。具体代码如下：

```
1 public void onResponse(Call call, Response response) throws IOException {
2   String result = response.body().string();
3   mNewsDetailBeen = DataParse.NewsDetail(result, mDocid);
4   handler.sendMessage(handler.obtainMessage());
5 }
```

然后会创建 Handler 对象，复写 handleMessage 方法来处理消息。具体代码如下：

```
1 private Handler handler = new Handler() {
2   @Override
3   public void handleMessage(Message msg) {
4       super.handleMessage(msg);
5       bindData();
6       showNewsDetailPage();
7   }
8 };
```

（4）绑定显示数据

在绑定显示数据中需要处理新闻详情实体对象中 body 数据，首先按照任务 3-19 中的 changeNewsDetail()方法修改图片的标记为 HTML 标记；然后使用 CSS（层叠样式表）样式的方式设置图片大小，为 body 加上 HTML 文件所需要的基本标签，形成一个规范的 HTML 文件数据，最后调用 loadDataWithBaseURL()方法显示数据，当然，中间还对标题、作者名称、发布时间进行了赋值。具体代码请扫描下方二维码。

3-22-1

所有数据填充好后，就可以执行 showNewsDetailPage()显示新闻详情了。具体代码如下：

```
1 private void showNewsDetailPage() {
2     mPage_content.setVisibility(View.VISIBLE);
3     mLoadingPage.setSuccessView();
4 }
```

最后，给出新闻详情的全部逻辑代码，具体代码请扫描下方二维码。

3-22-2

## 3.4 新闻频道管理

### 任务综述

东仔移动新闻客户端的新闻频道显示有限，为了适应不同用户的需求，将频道分为我的分类和推荐分类，我的分类中的频道会显示在新闻列表的上部，推荐分类中的不显示。新闻频道管理模块主要是对新闻频道进行排序以及在我的分类和推荐分类之间移动，用户就可以选择自己喜欢的频道放到我的分类中，以便迅速查看自己关注的新闻。

【知识点】

- SparseArray 类型。
- Activity 数据的回传。
- RecyclerView 的多样式布局。
- RecyclerView 的分割线。
- ItemTouchHelper。

【技能点】

- SparseArray 的应用。
- Activity 数据的回传方法。
- 通过 GridLayoutManager 实现多样式布局。
- GridItemDecoration 的应用。
- ItemTouchHelper 实现 item 项拖动。

### 【任务 3-23】新闻频道管理界面

【任务分析】

新闻频道管理界面的效果如图 3-6 所示，整个布局主要放置一个标题栏 toolbar 和一个

RecyclerView，整个 RecyclerView 又被分成 4 个部分，分别自定义了 4 个控件来表示我的分类头部、我的分类 item 部分、推荐分类头部、推荐分类 item 部分。

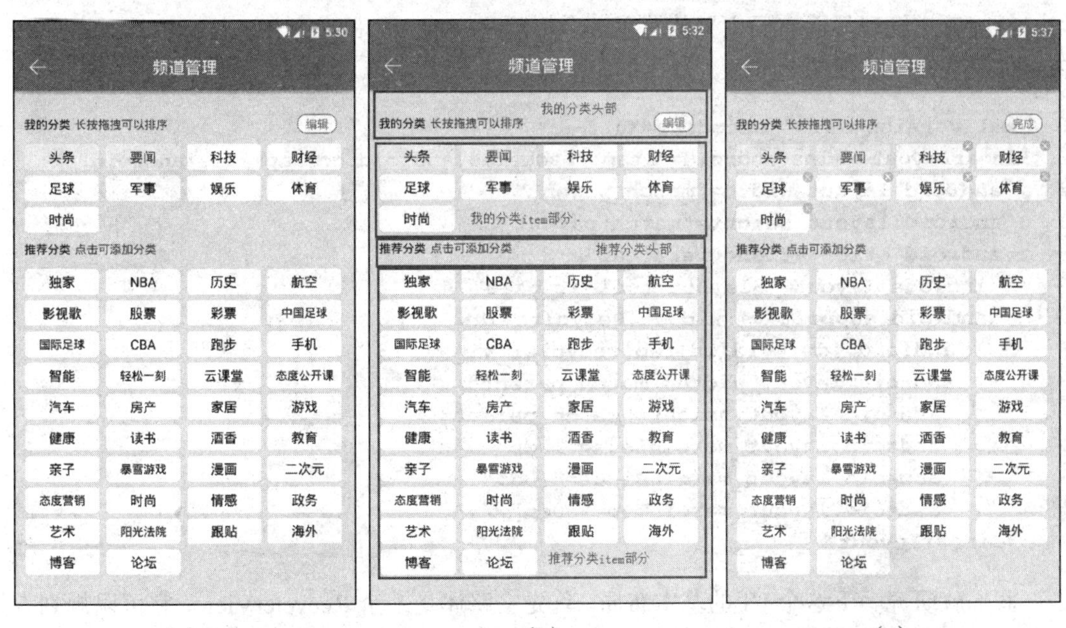


（a）　　　　　　　　（b）　　　　　　　　（c）

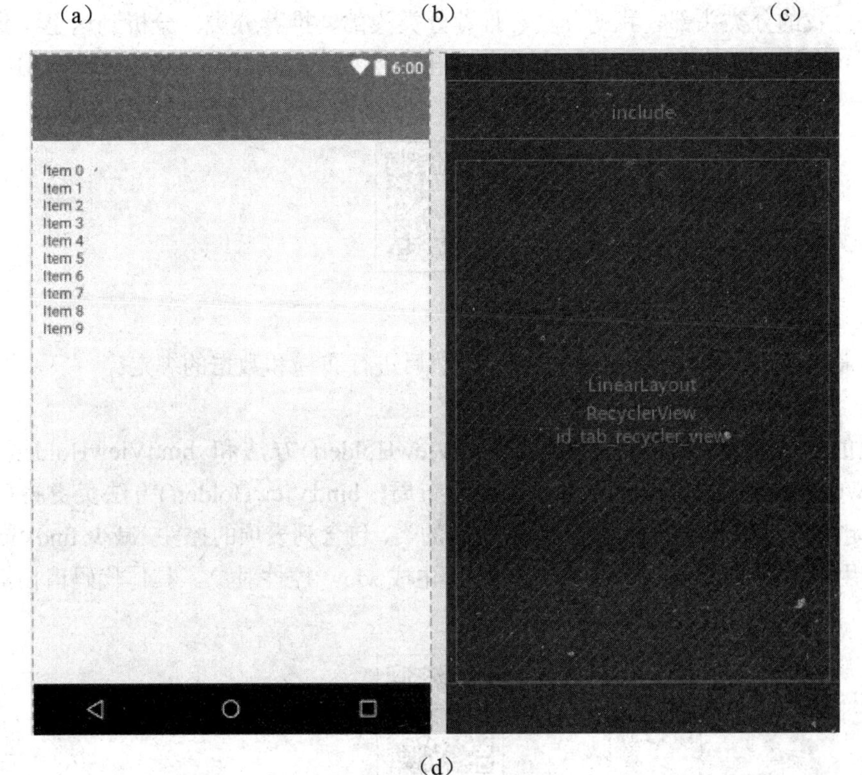


（d）

图 3-6　新闻频道管理界面

【任务实施】

（1）新闻频道管理界面

新闻频道管理界面布局主要放置了一个标题栏 toolbar 和一个 RecyclerView，其中在 RecyclerView 中实现频道管理。具体的布局代码如下：

```
1 <?xml version="1.0" encoding="utf-8"?>
2 <LinearLayout xmlns:android="http://schemas.android.com/apk/res/android"
3    android:layout_width="match_parent"
4    android:layout_height="match_parent"
5    android:orientation="vertical">
6    <include layout="@layout/toolbar_page" />
7    <android.support.v7.widget.RecyclerView
8       android:id="@+id/id_tab_recycler_view"
9       android:layout_width="match_parent"
10       android:layout_height="match_parent"
11       android:layout_marginLeft="10dp"
12       android:layout_marginRight="10dp"
13       android:layout_marginTop="20dp" />
14 </LinearLayout>
```

我们就研究一下这个 UI 的基本布局。首先它整体是一个 RecyclerView，它可以规划为 4 个 Type：我的分类头部、我的分类、推荐分类头部、推荐分类。分析到这里，我们就可以定义一个接口，把不同 Type 模块代码分离出来实现不同的布局。具体代码请扫描下方二维码。

3-23-1

接下来就是 4 个模块都实现这个接口，然后进行布局和数据的绑定。

（2）我的分类头部控件

在我的分类头部控件中主要有 createViewHolder()方法和 bindViewHolder()方法，createViewHolder()方法负责承载每个子项的布局，bindViewHolder()方法负责将每个子项 holder 绑定数据，ViewHolder 就是一个持有者的类，包含列表项的控件，减少 findViewById()方法的使用以及避免过多地使用 inflate()方法生成 view 控件对象。具体代码请扫描下方二维码。

3-23-2

我的分类头部控件的布局主要包括 3 个 TextView。具体的布局代码请扫描下方二维码。

3-23-3

（3）我的分类 item 部分控件

我的分类 item 部分控件的布局主要有一个 TextView 和一个 ImageView，TextView 放频道的名字，ImageView 是一个删除图标，其默认可视状态为“gone”，在编辑状态会显示，可以删除我的分类中的频道。具体代码请扫描下方二维码。

3-23-4

我的分类 item 部分控件的 createViewHolder()方法与其他 3 个控件的基本类似，但是 bindViewHolder()方法有较大的不同。首先需要设置文字大小，通过判断 tab 中的文字长度，如果有 4 个或者 4 个字以上则为 14sp 大小，否则为 16sp 大小；其次通过频道的 type 值（详情见任务 3-5 的 APPConst 常量定义类）设置其文字背景颜色，其中 tab 的 type 为 0 时，字体会显示红色，为 1 时会显示灰色，为 2 时会显示深灰色；还根据频道是否可以编辑设置右上角删除按钮是否可见。具体代码请扫描下方二维码。

3-23-5

（4）推荐分类头部控件

推荐分类头部控件只有两个 TextView，状态和文字在运行时不会有任何改变。具体代码请扫描下方二维码。

3-23-6

推荐分类头部控件在运行过程中只作为提示显示出来，所以只在 createViewHolder()中承载布局，bindViewHolder()方法无须任何代码。具体代码如下：

```
1 public class RecChannelHeaderWidget implements IChannelType {
2     @Override
```

```
3    public ChannelAdapter.ChannelViewHolder createViewHolder(LayoutInflater
mInflater, ViewGroup parent) {
4        return new MyChannelHeaderViewHolder(mInflater.inflate(R.layout.
activity_channel_rec_header, parent, false));
5    }
6    @Override
7    public void bindViewHolder(ChannelAdapter.ChannelViewHolder holder, int
position, ProjectChannelBean data) {
8    }
9    public class MyChannelHeaderViewHolder extends ChannelAdapter.
ChannelViewHolder {
10       public MyChannelHeaderViewHolder(View itemView) {
11           super(itemView);
12       }
13   }
14 }
```

（5）推荐分类 item 部分控件

推荐分类 item 部分控件的布局就只有一个 TextView，用来放频道的名字，在运行中不会有任何改变。具体代码请扫描下方二维码。

3-23-7

推荐分类 item 部分控件中只是 bindViewHolder()方法需要设置文字大小，通过判断 tab 中的文字长度，如果有 4 个或者 4 个字以上则为 14sp 大小，否则为 16sp 大小，其他与其他 3 个控件内容类似。具体代码请扫描下方二维码。

3-23-8

（6）EditModeHandler 抽象类

通过查看代码可以发现，我们传递了一个 EditModeHandler 抽象类出来，这个抽象类主要是抽象了各个模块的单击事件，然后在 RecyclerView.Adapter 里面统一处理，主要的单击事件如下：

```
1 public abstract class EditModeHandler {
2    public void startEditMode(RecyclerView mRecyclerView) {
3    }
4    public void cancelEditMode(RecyclerView mRecyclerView) {
5    }
6    public void clickMyChannel(RecyclerView mRecyclerView, ChannelAdapter.
```

```
ChannelViewHolder holder) {
7    }
8    public void clickLongMyChannel(RecyclerView mRecyclerView, ChannelAdapter.
ChannelViewHolder holder) {
9    }
10    public void touchMyChannel(MotionEvent motionEvent, ChannelAdapter.
ChannelViewHolder holder) {
11    }
12    public void clickRecChannel(RecyclerView mRecyclerView, ChannelAdapter.
ChannelViewHolder holder) {
13    }
14 }
```

## 【任务 3-24】GridLayoutManager 实现多样式布局

**【任务分析】**

RecyclerView 控件通过 setLayoutManager()方法来设置布局管理器，这是使用 RecyclerView 必须的操作步骤。这个布局管理器分 3 种：LinearLayoutManager、GridLayoutManager、StaggeredGridLayoutManager，在频道管理中我们使用 GridLayoutManager 布局管理器，RecyclerView 可以通过 GridLayoutManager 实现多样式布局。

**【任务实施】**

在创建 GridLayoutManager 对象时，构造方法需要传入 spanCount 这个参数，也就是设置每行排列 item 个数，我们传入的是 4，也就是每行 4 个 item。然后需要设置 item 的跨度，构造方法里返回的就是每行的总跨度，默认每个 item 占一个 span，在 setSpanSizeLookup()方法中，这个方法返回的是当前位置的 item 跨度大小。这里主要介绍下 setSpanSizeLookup()方法，我们主要使用这个方法来展示不同的 item 屏幕跨度。在频道管理界面中，我们可以看到，我的分类头部和推荐分类头部的跨度为 4，我的分类和推荐分类的 item 部分的跨度为 1。具体代码如下：

```
1 mRecyclerView = (RecyclerView)
2 findViewById(com.example.channelmanager.R.id.id_tab_recycler_view);
3 GridLayoutManager gridLayout = new GridLayoutManager(context, 4);
4 gridLayout.setSpanSizeLookup(new GridLayoutManager.SpanSizeLookup() {
5   @Override
6   public int getSpanSize(int position) {
7       boolean isHeader = mRecyclerAdapter.getItemViewType(position) ==
 IChannelType.TYPE_MY_CHANNEL_HEADER ||
8             mRecyclerAdapter.getItemViewType(position) == IChannelType.
TYPE_REC_CHANNEL_HEADER;
9       return isHeader ? 4 : 1;
10   }
11});
12 mRecyclerView.setLayoutManager(gridLayout);
```

## 【任务 3-25】GridItemDecoration 实现自定义分割线

**【任务分析】**

谷歌官方提供了 DividerItemDecoration 方便大家对横向、纵向列表进行分割线的添加，但是网格布局 GridLayoutManager 模式下的分割线布局依然需要自己实现，而且它的实现还是有一定复杂度的，需要好好计算。

**【任务实施】**

在 GridItemDecoration 中主要实现 getItemOffsets()方法，设置每个 item 的上下左右偏移，因为每行每列 item 个数与分割线条数都是不一样的，所以在每两个 item 之间都有分割线，但绘制的真实终止位置都需要计算，可以从代码看到，在频道管理中，每个 item 当不是位置 0 时，在 item 的左、右、上 3 个方向设置值为 spacing 的空白。具体代码请扫描下方二维码。

3-25-1

在 Activity 中，只要用 addItemDecoration()方法设置分割线即可。具体代码如下：

```
1 mRecyclerView.addItemDecoration(new GridItemDecoration(APPConst.ITEM_SPACE));
```

## 【任务 3-26】初始化数据

**【任务分析】**

频道管理模块涉及数据的处理主要包括频道被选数据的传递以及初始化频道数据。

**【任务实施】**

（1）频道被选数据的传递

从 NewsFragment 传过来当前选择的频道，频道管理模块接受当前选择的频道后，可以把该频道类型设置为 0，显示为红色且不可编辑，在从频道管理模块返回时，选择新频道中类型为 0 的作为被选频道传回 MainActivity 处理，在 MainActivity 收到返回数据后，会把该频道显示在最前面。

在 NewsFragment 中把当前选择的频道的频道的 ID 号利用 putExtra()方法，以 TABPOSITION 为关键字，传给频道管理 ChannelManagerActivity。具体代码如下：

```
1 mTabLayout.addOnTabSelectedListener(new TabLayout.OnTabSelectedListener() {
2     @Override
3     public void onTabSelected(TabLayout.Tab tab) {
4         tabPosition = tab.getPosition();
5     }
```

```
6 }
7 mChange_channel.setOnClickListener(new View.OnClickListener() {
8   @Override
9   public void onClick(View v) {
10        Intent intent = new Intent(getActivity(), ChannelManagerActivity.
class);
11       intent.putExtra("TABPOSITION", tabPosition);
12        startActivityForResult(intent, 999);
13    }
14 });
```

ChannelManagerActivity利用getIntent()方法用同样的关键字TABPOSITION接收数据。具体代码如下：

```
1 private void getIntentData(){
2    Intent intent = getIntent();
3    Bundle bundle = intent.getExtras();
4    tabposition = bundle.getInt("TABPOSITION");
5 }
```

ChannelManagerActivity利用putExtra()方法，以NewTabPostion为关键字，通过Intent传回给频道管理MainActivity。具体代码如下：

```
1 public void finish() {
2   mRecyclerAdapter.doCancelEditMode(mRecyclerView);
3   for (int i = 0; i < mMyChannelList.size(); i ++) {
4      ProjectChannelBean projectChannelBean = mMyChannelList.get(i);
5      if (projectChannelBean.getTabType() == 0){
6         tabposition = i;
7      }
8   }
9   Intent intent = new Intent();
10   intent.putExtra("NewTabPostion", tabposition);
11   setResult(789, intent);
12   super.finish();
13 }
```

MainActivity利用getExtras()方法用同样的关键字NewTabPostion接收返回的数据，并通知NewsFragment显示该频道的新闻列表。具体代码如下：

```
1 protected void onActivityResult(int requestCode, int resultCode, Intent data)
{
2   super.onActivityResult(requestCode, resultCode, data);
3   String tag = mTabHost.getCurrentTabTag(); //得到当前选项卡的tag值
4   if (resultCode == 789){
5      Bundle bundle = data.getExtras();
6      int tabPosition = bundle.getInt("NewTabPostion");
7      NewsFragment newsFragment = (NewsFragment)
getSupportFragmentManager().findFragmentByTag(tag);
```

```
8       newsFragment.setCurrentChannel(tabPosition);
9       newsFragment.notifyChannelChange();
10    }
11 }
```

（2）初始化频道数据

初始化频道数据分为初始化我的分类数据和推荐分类数据，数据的来源是sharedPreferences已经转为JSON数据的ProjectChannelBean集合，关键字分别是myChannel和moreChannel，在初始化我的分类数据时，还需要设置每个频道的类型。具体代码请扫描下方二维码。

3-26-1

## 【任务3-27】新闻频道管理适配器

**【任务分析】**

新闻频道管理适配器是新闻频道管理的核心所在，同样继承自RecyclerView.Adapter，并实现ItemDragListener接口，ItemDragListener接口主要是onItemMove()方法，用来实现item项的拖动。与其他的RecyclerView适配器一样，onCreateViewHolder()方法负责承载每个子项的布局，onBindViewHolder()方法负责将每个子项holder绑定数据。

**【任务实施】**

（1）ItemTouchHelper类

新闻频道管理最难的点应该是它怎么实现Item移动的。以前可以用GridView实现这些功能，但是很复杂。那么RecyclerView能不能更简单地实现这项功能呢？ItemTouchHelper就是一个很好的item移动帮助类。这里我们需要使用的是ItemTouchHelper.Callback这个抽象类，它需要用到下面几个方法：

```
1 public boolean isLongPressDragEnabled()
2 public boolean isItemViewSwipeEnabled()
3 public int getMovementFlags(RecyclerView recyclerView, RecyclerView.
ViewHolder viewHolder)
4 public boolean onMove(RecyclerView recyclerView, RecyclerView.ViewHolder
source, RecyclerView.ViewHolder target)
5 public void onSwiped(RecyclerView.ViewHolder viewHolder, int i)
```

以上5个方法都是必须要重写的，而下面两个方法是可选重写的：

```
1 public void onSelectedChanged(RecyclerView.ViewHolder viewHolder, int
actionState)
2 public void clearView(RecyclerView recyclerView, RecyclerView.ViewHolder
viewHolder)
```

isLongPressDragEnabled 返回的是一个 boolean 值，当 boolean 值为 true 时，下面的 makeMovementFlags 方法的 dragFlags 值才会起效，它具有上下拖动作用，返回 false 时则没有任何效果。

isItemViewSwipeEnabled 返回的也是一个 boolean 值，它和 isLongPressDragEnabled 类似。不同的是，它控制的是左右滑动效果。

getMovementFlags 方法返回的是一个 int 值，这个 int 值主要是 makeMovementFlags(int dragFlags, int swipeFlags)方法返回的 int 值，其中 makeMovementFlags 需要传递两个参数：dragFlags 和 swipeFlags。dragFlags 和 swipeFlags 是通过下面几种方式结合的：

```
1 dragFlags = ItemTouchHelper.UP | ItemTouchHelper.DOWN | ItemTouchHelper.
START |
2 ItemTouchHelper.END;
```

当然，如果我们不需要其中一个方向的效果，那么参数直接传 0 值就行了。

- onMove 方法：主要是拖动的时候，可以在这里监听进行数据更新的操作。
- onSwiped 方法：主要是相邻的 item 进行数据交换的数据更新。
- onSelectedChanged 和 clearView：主要是长按操作对象可以进行一些操作，如放大缩小操作。

（2）实现 ItemTouchHelper.Callback

了解了 ItemTouchHelper 后，下面来实现频道管理移动效果需要用到的类 ItemDragHelperCallback，先设计两个接口来对 ItemTouchHelper.CallBack 的事件监听，代码如下：

```
1 public interface ItemDragListener {
2    void onItemMove(int fromPosition, int toPosition);
3    void onItemSwiped(int position);
4 }
```

开始移动和结束移动的事件监听，代码如下：

```
1 public interface ItemDragVHListener {
2    void onItemSelected();
3    void onItemFinished();
4 }
```

再结合上面的介绍来一步一步实现 ItemTouchHelper.CallBack 的方法。具体代码请扫描下方二维码。

3-27-1

这里通过下面几点解释下上面的代码。

① 首先把监听事件的 ItemDragListener 传递进来。

② 把 isLongPressDragEnabled 的 isItemViewSwipeEnabled 返回改为 false，因为在我的分类频道里可能前两个 Tab 不能进行操作，如果返回 true，那么我的分类里的所有 Tab 就都可以移动，从而无法实现这种效果了。返回 false 的话，后续可以通过调用 ItemTouchHelper 的 startDrag 方法进行拖动操作。

③ 在 getMovementFlags 方法里通过控制 dragFlags 的赋值来决定可移动的方向。如果 RecyclerView 的 LayoutManager 是 GridLayoutManager 或者 StaggeredGridLayoutManager 的话，我们就可以上下左右进行移动；如果是 LinearLayoutManager 的话，就只能上下移动了。至于 swipeFlags，暂时没用到，所以这里直接赋值为 0，最后调用 makeMovementFlags (dragFlags, swipeFlags)方法即可。

④ onMove 中有 RecyclerView.ViewHolder source 和 RecyclerView.ViewHolder target 两个参数，source 是被拖动 item 的 ViewHolder，target 是目标 ViewHolder，如果两者的类型不一致，直接返回 false，不进行移动操作，类型相同的话，就可以调用 DragMoveListener 接口的 onItemMove 方法进行更新数据。

⑤ 在 onSelectedChanged 方法中，首先通过 actionState 参数判断 RecyclerView 是否在拖动，当不在拖动的情况下，通过 viewHolder 参数获取 ItemDragVHListener 接口对象，然后调用 ItemDragVHListener 接口的 onItemSelected 方法来监听 Tab 选中状态。

⑥ 在 clearView 方法中，通过 viewHolder 参数获取 ItemDragVHListener 接口对象，然后调用 ItemDragVHListener 接口的 onItemFinished 方法来监听 Tab 取消选中状态。

实现了 ItemDragHelperCallback 之后，再通过下面几个步骤就可以实现 item 的移动。

步骤一：创建 Callback 对象，创建 ItemTouchHelper 对象。具体代码如下：

```
1  this.mItemTouchHelper = new ItemTouchHelper(new ItemDragHelperCallback
(this));
```

步骤二：ItemTouchHelper 绑定对应的 RecyclerView。具体代码如下：

```
1  mItemTouchHelper.attachToRecyclerView(recyclerView);
```

（3）getItemViewType 实战

实现完上面的 ItemDragHelperCallback 对象之后，接下来就应该实现 UI 的基本布局，首先它整体是一个 RecyclerView，它可以规划为 4 个 Type：我的分类头部、我的分类、推荐分类头部和推荐分类。分析到这里，我们就可以定义一个接口，把不同 Type 模块代码分离出来实现不同的布局。这一部分，我们已经在任务 3-23 中实现。

实现了 4 个模块布局和数据绑定之后，接下来要在 RecyclerView.Adapter 中把这些模块通过 getItemViewType 进行绑定。首先定义一个 SparseArray，存储各个模块，具体代码如下：

```
1 private SparseArray<IChannelType> mTypeMap = new SparseArray();
2 mTypeMap.put(IChannelType.TYPE_MY_CHANNEL_HEADER, new MyChannelHeaderWidget
```

```
(new EditHandler()));
3 mTypeMap.put(IChannelType.TYPE_MY_CHANNEL, new MyChannelWidget(new
EditHandler()));
4 mTypeMap.put(IChannelType.TYPE_REC_CHANNEL_HEADER, new
RecChannelHeaderWidget());
5 mTypeMap.put(IChannelType.TYPE_REC_CHANNEL, new RecChannelWidget(new
EditHandler()));
```

然后 getItemViewType 返回不同的类型，具体代码如下：

```
1 public int getItemViewType(int position) {
2    if (position < mMyHeaderCount)
3        return IChannelType.TYPE_MY_CHANNEL_HEADER;
4    if (position >= mMyHeaderCount && position < mMyChannelItems.size() +
mMyHeaderCount)
5        return IChannelType.TYPE_MY_CHANNEL;
6    if (position >= mMyChannelItems.size() + mMyHeaderCount && position <
7 mMyChannelItems.size() + mMyHeaderCount + mRecHeaderCount)
8       return IChannelType.TYPE_REC_CHANNEL_HEADER;
9    return IChannelType.TYPE_REC_CHANNEL;
10 }
```

其中，mMyHeaderCount 为我的分类头部总量，这里为 1，mMyChannelItems 为我的分类中的 Tab 数据，mRecHeaderCount 为推荐分类头部总量，这里也为 1。最后再调用对应的实现 IChannelType 接口模块的 createViewHolder 方法和 bindViewHolder 方法。具体代码请扫描下方二维码。

3-27-2

到这里，基本的布局就完成了。

（4）实现频道管理效果

首先，我们需要实现单击我的分类头部的“完成/编辑”按钮，然后切换不同的编辑状态，这里的变化主要是可编辑状态时，我的分类头部提示文案修改，以及我的分类 Tab 增加删除 Icon，对应的抽象单击事件为 startEditMode 和 cancelEditMode，所以定义一个继承 EditModeHandler 的类 EditHandler，重写这两个事件。具体代码请扫描下方二维码。

3-27-3

主要是通过 RecyclerView 获取 RecyclerView 的所有子 View，然后通过子 View 查找布

局中 id 为 id_delete_icon 的 View，如果查找到了，可编辑状态且 Tab 类型为 2（通过定义 Tab 类型控制我的分类前两个 Tab 永远不可编辑）的情况下设置子 View 对象的 visibility 属性为 VISIBLE，不可编辑状态则设置 visibility 属性为 INVISIBLE。实现了状态切换之后，我们继续实现移除分类的功能，这项功能对应的抽象单击事件为 clickMyChannel。所以继续在 EditModeHandler 类里面从写这个方法，具体代码请扫描下方二维码。

3-27-4

这个方法中通过 isEditMode 获取当前编辑状态，如果为不可编辑状态，那么单击我的分类 Tab，我们直接结束当前的 DialogFragment，然后切换到首页相应的 Tab 对应的页面就行了。如果为可编辑状态，单击的话，那就是移除当前单击的 Tab，同时把移除的 Tab 添加到推荐分类的第一位。直接操作 mMyChannelItems 和 mOtherChannelItems 进行数据源更新，然后通过 RecyclerView 的 notifyItemMoved(int fromPosition, int toPosition)是没有从 fromPosition 到 toPosition 移动的动画，所以这里再给它添加一个移动的动画，这样我们就要进行动画初始位置和结束位置的计算。计算过程为首先获取当前操作的 View 和移动到最终位置也就是推荐分类第一个 Tab 的 View，具体代码如下：

```
1 View targetView = layoutManager.findViewByPosition(mMyChannelItems.size()
2         + mMyHeaderCount + mRecHeaderCount);
3 View currentView = mRecyclerView.getLayoutManager().findViewByPosition
(position);
```

这样当前位置通过 currentView.getLeft()和 currentView.getTop()就获取到了，而最终位置如果移除后有换行或者 targetView 不存在的话位置是可变的，所以这里要判断下 targetView 是否存在。如果不存在，则要通过 targetView 的前一个 item 来计算最终的位置，计算代码如上。

如果 targetView 存在的话，那么就要判断移除后是否会换行，如果不换行直接取 targetView.getLeft()和 targetView.getTop()，如果换行就要取 targetView 的前一个 item 位置。

最后我们需要更新数据源，具体代码如下：

```
1 private void moveMyToOther(int position) {
2   int myPosition = position - mMyHeaderCount;
3   ProjectChannelBean item = mMyChannelItems.get(myPosition);
4   mMyChannelItems.remove(myPosition);
5   mOtherChannelItems.add(0, item);
6   notifyItemMoved(position, mMyChannelItems.size() + mMyHeaderCount +
mRecHeaderCount);
7 }
```

在实现移动的动画之前，还需要对当前操作的 currentView 生成镜像。具体代码请扫描下方二维码。

3-27-5

接下来就是实现动画，具体代码请扫描下方二维码。

3-27-6

getTranslateAnimator()方法的代码如下：

```
1 private TranslateAnimation getTranslateAnimator(float targetX, float targetY) {
2    TranslateAnimation translateAnimation = new TranslateAnimation(
3            Animation.RELATIVE_TO_SELF, 0f,
4            Animation.ABSOLUTE, targetX,
5            Animation.RELATIVE_TO_SELF, 0f,
6            Animation.ABSOLUTE, targetY);
7 //RecyclerView 默认移动动画 250ms 这里设置 360ms 是为了防止在位移动画结束后
remove(view)过早 导致闪烁
8  translateAnimation.setDuration(360);
9   translateAnimation.setFillAfter(true);
10   return translateAnimation;
11 }
```

实现了移除频道后，继续实现增加分类的功能，这项功能对应的抽象单击事件为clickRecChannel。所以继续在 EditModeHandler 类中重写这个方法。具体代码请扫描下方二维码。

3-27-7

还需要写 moveMyToOther()和 moveOtherToMy()方法实现移动，具体代码如下：

```
1 private void moveMyToOther(int position) {
2   int myPosition = position - mMyHeaderCount;
3   ProjectChannelBean item = mMyChannelItems.get(myPosition);
4   mMyChannelItems.remove(myPosition);
5   mOtherChannelItems.add(0, item);
6   notifyItemMoved(position, mMyChannelItems.size() + mMyHeaderCount +
mRecHeaderCount);
```

```
7 }
8 private void moveOtherToMy(int position) {
9    int recPosition = processItemRemoveAdd(position);
10    if (recPosition == -1) {
11        return;
12    }
13    notifyItemMoved(position, mMyChannelItems.size() + mMyHeaderCount - 1);
14 }
```

这个方法和上面移除频道类似，不同的就是更新数据源不同以及计算动画起始位置和终点位置计算不同。更新数据源不同的是，当我的分类为可编辑状态时，我们要改变添加Item 的编辑状态，不可编辑则不用，这里通过改变数据源里面的 EditStatus 来改变编辑状态。主要也是终点位置，也就是我的分类最后一个 item 的位置的计算，如果不换行的话，那就是当前 targetView 的 getLeft 加上 targetView 的宽度加上 Item 之间的间距，就可以计算出来了，如果换行的话，那就计算下一个 item 的位置。

实现了增加频道之后，继续实现改变我的分类 Item 的顺序的功能，这项功能对应的抽象单击事件不可编辑状态时的 clickLongMyChannel 和可编辑状态时的 touchMyChannel。所以继续在 EditModeHandler 类里面重写这两个方法。首先是 clickLongMyChannel，具体代码如下：

```
1 public void clickLongMyChannel(RecyclerView mRecyclerView,
ChannelViewHolder holder) {
2   if (!isEditMode) {
3       doStartEditMode(mRecyclerView);
4       View view = mRecyclerView.getChildAt(0);
5       if (view == mRecyclerView.getLayoutManager().findViewByPosition(0)) {
6           TextView dragTip = (TextView) view.findViewById(R.id.id_my_
header_tip_tv);
7           dragTip.setText("拖曳可以排序");
8
9           TextView tvBtnEdit = (TextView) view.findViewById(R.id.id_
edit_mode);
10           tvBtnEdit.setText("完成");
11           tvBtnEdit.setSelected(true);
12       }
13      mItemTouchHelper.startDrag(holder);
14   }
15 }
```

这里方法首先要改变的是我的分类改为可编辑状态，以及修改我的分类头部提示文案，然后就是调用 mItemTouchHelper.startDrag 来进行拖动。然后就是 touchMyChannel，具体代码请扫描下方二维码。

3-27-8

这个方法主要是当手指按下拖动时间达到 100 ms，就调用 mItemTouchHelper.startDrag(holder)进行拖动 item。

以上两个方法的前提是，需要在 RecyclerView.Adapter 中初始化 mItemTouchHelper 以及实现 ItemDragListener 接口。初始化主要代码如下：

```
1 this.mItemTouchHelper = new ItemTouchHelper(new ItemDragHelperCallback
(this));
2 mItemTouchHelper.attachToRecyclerView(recyclerView);
```

上文也有提到过，接下来就是在 ItemDragListener 实现的两个接口方法中进行频道顺序数据的更新，代码如下：

```
1 public void onItemMove(int fromPosition, int toPosition) {
2   if (toPosition > 2) {
3       ProjectChannelBean item = mMyChannelItems.get(fromPosition -
mMyHeaderCount);
4       mMyChannelItems.remove(fromPosition - mMyHeaderCount);
5       mMyChannelItems.add(toPosition - mMyHeaderCount, item);
6       notifyItemMoved(fromPosition, toPosition);
7   }
8 }
9 public void onItemSwiped(int position) {
10 }
```

当它调用 onItemMove 方法时，我的分类后面两个 item 都进行更新。onItemSwiped 暂时没用到。

接下来为了 item 选中状态更明显，当选中的时候进行放大效果，如果取消选中之后则还原，这个就要在 RecyclerView.ViewHolder 实现 ItemDragVHListener，在 ItemDragVHListener 的两个方法里面实现，具体代码如下：

```
1 public void onItemSelected() {
2   scaleItem(1.0f, 1.2f, 0.5f);
3 }
4 public void onItemFinished() {
5   scaleItem(1.2f, 1.0f, 1.0f);
6 }
```

scaleItem 的动画的具体代码如下：

```
1 public void scaleItem(float start, float end, float alpha) {
2   ObjectAnimator anim1 = ObjectAnimator.ofFloat(itemView, "scaleX",
3         start, end);
4   ObjectAnimator anim2 = ObjectAnimator.ofFloat(itemView, "scaleY",
5         start, end);
6   ObjectAnimator anim3 = ObjectAnimator.ofFloat(itemView, "alpha",
7         alpha);
8
9   AnimatorSet animSet = new AnimatorSet();
10   animSet.setDuration(200);
```

```
11    animSet.setInterpolator(new LinearInterpolator());
12    animSet.playTogether(anim1, anim2, anim3);
13    animSet.start();
14 }
```

这样我们就实现了所有的效果，最后给出 ChannelAdapter 的完整代码，具体代码请扫描下方二维码。

3-27-9

## 【任务 3-28】新闻频道管理逻辑代码

【任务分析】

新闻频道管理的主要任务就是实现对偏好频道的增删，主要完成初始化布局、初始化数据、设置返回数据等几个任务，其主要任务均已在适配器中完成。

【任务实施】

程序首先获取 NewsFragment 传过来选择频道数据，然后在初始化布局中完成 RecyclerView 的设置，需要注意的是，在 onPause()中需要把设置好的我的频道和其他频道利用 ListDataSave 存到 SharedPreferences 中保存，这样再返回 MainActivity 就可以读取这些数据重新修改 UI 界面上的偏好频道。具体代码请扫描下方二维码。

3-28-1

# 3.5　本 章 小 结

本章主要讲解了东仔移动新闻客户端项目的新闻模块开发，主要包含新闻顶端频道选项设置、新闻列表、新闻详情显示以及新闻频道管理等功能。这几个功能模块是本项目最核心的部分，图片模块和视频模块也较多借鉴了本章的内容，需要读者完全掌握，方便后续学习。

# 3.6　习　　题

1．简述 Handler 消息机制的原理及应用场景。

2．如何将 SQLite 数据库文件与 APK 文件一起发布？

# 第 4 章　图片中心模块

## 学习目标

- ❑ 掌握图片列表的开发，能够独立实现图片新闻获取和列表显示。
- ❑ 掌握图片详情的开发，能够实现多张图片的轮播。

## 4.1　图片中心顶部频道选项

### 任务综述

图片中心顶部频道与新闻纵横的顶部频道实现方法基本一致，只不过图片中心顶部频道使用的是固定 4 个频道，无须频道管理。本节将针对新闻客户端的图片中心顶端频道导航栏的开发进行详细讲解，在学习本章之前，请同学们复习任务 3-5 中 CategoryDataUtils 工具类中图片中心的频道数据实体类和获取频道数据代码。

【知识点】

- ❑ CoordinatorLayout 布局。
- ❑ ToolBar 控件、TabLayout 控件、ViewPager 控件。
- ❑ FragmentStatePagerAdapter。

【技能点】

- ❑ 通用工具栏的创建。
- ❑ 通过 TabLayout+ViewPager 实现页面切换。
- ❑ 实现 List 集合转为 JSON 数据保存在 sharedPreferences。

### 【任务 4-1】PhotoFragment 逻辑代码

**【任务分析】**

PhotoFragment 是图片模块的主逻辑代码，同样是通过 TabLayout+ViewPager 实现了顶端频道导航栏，每个不同的频道都采用 PicListFragment 来产生不同频道的新闻列表，最后显示在 ViewPager 中，TabLayout 通过 setupWithViewPager 方法实现了与 ViewPager 的联动，实现单击 TabLayout 顶端频道导航栏的某个频道就会在 ViewPager 中显示对应频道的 PicListFragment 来加载该频道的图片列表。注意的是，ProjectChannelBean 实体类既可以表示新闻资讯频道数据，也可以表示图片中心的频道数据，通过不同参数的构造方法实例化不同的频道实体。

**【任务实施】**

（1）初始化布局

初始化布局首先在 onCreateView 方法中实现布局的加载，然后在 onViewCreated 方法中执行 initView()方法来初始化布局中的 TabLayout、ViewPager 等控件并初始化工具栏。

值得注意的是，PhotoFragment 和 NewsFragment 的布局文件是同一个文件 tablayout_pager.xml。只是在 PhotoFragment 片段中隐藏了频道管理的图标。具体代码如下：

```
1 mView = inflater.inflate(R.layout.tablayout_pager, container, false);
2 mTabLayout = (TabLayout) mView.findViewById(tab_layout);
3 mNewsViewpager = (ViewPager) mView.findViewById(R.id.news_viewpager);
4 mView.findViewById(R.id.change_channel).setVisibility(View.GONE);//隐藏频道管理的图标
5 Toolbar myToolbar = initToolbar(mView, R.id.my_toolbar, R.id.toolbar_title, R.string.picture_home);
```

（2）初始化变量

在初始化变量中无须使用 SharedPreferences，因为图片中心的频道栏是固定的，直接由 CategoryDataUtils 工具类的 getPicCategoryBeans()方法获取，无须使用 SharedPreferences。主要初始化 fragment 集合，以及 ViewPager 的适配器，因为外层使用了 NewsFragment，ViewPager 中的 NewsListFragment 作为 Fragment 的嵌套，所以使用 getChildFragmentManager 获取 FragmentManager，最后使用 setupWithViewPager 方法完成 TabLayout 与 ViewPager 的关联。具体代码如下：

```
1 fragments = new ArrayList<BaseFragment>();
2 fixedPagerAdapter = new FixedPagerAdapter(getChildFragmentManager());
//Fragment 嵌套 Fragment 时，用 getChildFragmentManager 获取 FragmentManager
3 mTabLayout.setupWithViewPager(mNewsViewpager); //TabLayout 与 ViewPager 的关联
```

（3）获取数据

我们只需要通过 CategoryDataUtils 工具类的 getPicCategoryBeans()方法获取固定的美图、新闻、热点、明星 4 个频道就可以了，然后使用新闻列表 PicListFragment 来填充 fragments。具体代码如下：

```
1 private void getData() {
2     channelBeanList = CategoryDataUtils.getPicCategoryBeans();
3     //绑定 PicListFragment
4     fragments.clear();
5     for (int i = 0; i < channelBeanList.size(); i++) {
6        //"推荐","","0031"
7        //"明星","","0003"使用瀑布流
8        ProjectChannelBean channelBean = channelBeanList.get(i);
9        BaseFragment fragment = PicListFragment.newInstance(channelBean.getTid(), channelBean.getColumn());
10         fragments.add(fragment);
11     }
12     // mTabLayout.setTabMode(TabLayout.MODE_SCROLLABLE); //适合很多 tab
```

```
13     mTabLayout.setTabMode(TabLayout.MODE_FIXED);          //tablayout 均分，适合少
Tablayout
14 }
```

第 4～11 行，主要是绑定 PicListFragment，对于每个频道，根据频道的 tid 和 column 来新建一个图片列表 PicListFragment，增加到 fragments 集合，作为 ViewPager 的数据源；第 13 行设置 TabLayout 无须左右滑动。

（4）绑定数据

在获取数据之后，绑定数据主要是设置 PagerAdapter 的频道标题数据以及 fragments 集合，然后 ViewPager 绑定该 Adapter 即可，需要注意的是，图片中心的 Adapter 与新闻纵横的完全相同。具体代码如下：

```
1 getData();
2 fixedPagerAdapter.setChannelBean(channelBeanList);
3 fixedPagerAdapter.setFragments(fragments);
4 mNewsViewpager.setAdapter(fixedPagerAdapter);
```

整个 PhotoFragment 的具体代码请扫描下方二维码。

4-1-1

# 4.2 图片列表

## 任务综述

图片中心列表模块主要是展示从网络获取的图片列表信息，主要完成以下子任务：加载数据的过程中需要提示“正在加载”的反馈信息给用户；加载成功后，将加载得到的数据填充到 IRecyclerView 展示给用户；若加载数据失败，如无网络连接，则需要给用户提示信息；当下拉或上拉时需要处理数据的刷新。图片列表界面与新闻列表界面基本一致，我们不再一一赘述。

【知识点】

- IRecyclerView 控件，LoadingPage 布局。
- RecyclerView 的 Adapter、OkHttp3 访问网络、ViewPager 控件。
- handler 处理、使用 Gson 处理 JSON 数据。

【技能点】

- IRecyclerView 的应用，RecyclerView.Adapter 的实现。
- 利用 OkHttp3 访问网络获取数据，处理 JSON 数据。

- 利用 Handler 分发消息，绑定数据，显示数据。
- 数据刷新。

## 【任务 4-2】图片列表 item 界面

【任务分析】

移动新闻客户端项目在显示图片列表时，只有一种 item 显示，效果如图 4-1 所示。

图 4-1　图片列表的效果

【任务实施】

从上面的 item 布局可以看到，每个 item 实际是一个 CardView，在 CardView 中包含一个标题栏和一个图片栏，分别使用 TextView 和 ImageView，CardView 继承自 FrameLayout 类，并且可以设置圆角和阴影，使得控件具有立体性，也可以包含其他的布局容器和控件。具体代码请扫描下方二维码。

4-2-1

第 9 行 app:cardElevation 属性表示阴影的大小。具体代码如下：

```
9    app:cardElevation="4dp"
```

## 【任务 4-3】图片列表 JSON 数据

【任务分析】

图片列表 JSON 数据来源于 API 接口，在任务 3-10 中已经详细描述了图片列表 API 接口。

【任务实施】

（1）图片 API 接口

图片 API 接口首先有一个统一的前缀，我们可以定义处理为 host，其他所有的网址都是根据频道的 ID 拼接而成，单击图片列表某条图片，其图片详情对应的 URL 也可以根据列表的网址拼接而成，部分图片 API 接口代码请扫描下方二维码。

4-3-1

（2）图片列表 JSON 数据

根据上述 API，可以看到 http://pic.news.163.com/photocenter/api/list/0001/00AN0001,00AO0001/0/20.json 网址访问后就可以得到热点图片列表的 JSON 数据。

图片列表 JSON 数据示例，具体代码请扫描下方二维码。

4-3-2

## 【任务 4-4】图片列表数据实体类

【任务分析】

根据上述图片列表的 JSON 数据，我们可以建立图片列表数据实体类，实体类的属性和 JSON 的对象基本一一对应。

【任务实施】

根据图片列表 JSON 数据，我们可以得到一个对象的具体内容。其中，setid 作为标识，直接可以拼接产生图片详情的 URL，setname 表示图片标题，cover 表示要显示的列表图片地址。具体代码请扫描下方二维码。

4-4-1

## 【任务 4-5】解析图片列表 JSON 数据

【任务分析】

通过 OkHttp3 去访问网络 URL，获取到 JSON 数据之后，需要对 JSON 数据进行解析，获得对应的实体对象或实体对象集合供列表使用。

【任务实施】

解析图片列表数据首先需要图片列表数据的实体类，任务 4-4 中已经给出了 PicListBean 文件，它就是图片列表数据的实体类，或在任务 4-3 中也获取了图片列表 JSON 数据，可以看出 JSON 数据中含有中括号[]，说明该括号内的数据为集合数据，因此需要使用集合数据的数据解析方法进行解析。具体代码如下：

```
1 public static ArrayList<PicListBean> PicList(String result) {
2   ArrayList<PicListBean> PicListBeans = new ArrayList<>();
3   Gson gson = new Gson();
4   try {
5      JSONArray jsonArray = new JSONArray(result);
6      for (int i = 0; i < jsonArray.length(); i++) {
7         JSONObject jsonObject = jsonArray.getJSONObject(i);
8         PicListBean picListbean = gson.fromJson(jsonObject.toString(),
PicListBean.class);
9         PicListBeans.add(picListbean);
10       }
11       return PicListBeans;
12   } catch (JSONException e) {
13      e.printStackTrace();
14   }
15   return null;
16 }
```

## 【任务 4-6】图片列表适配器

【任务分析】

在拿到图片列表的对象集合之后，我们需要把集合中的数据显示到 PicListFragment 的 IRecyclerView 中，因为 IRecyclerView 是继承自 RecyclerView 的，所以拥有 RecyclerView 的所有功能。我们就需要写一个继承自 RecyclerView.Adapter 的适配器来完成数据和 item 控件之间的绑定。需要注意的是，IRecyclerView 在设置 adapter 时，使用 setIAdapter，其他地方和我们使用 RecyclerView 一样。

【任务实施】

（1）onCreatViewHolder()

复用 onCreateViewHolder，在该方法中引入 item 的布局。具体代码如下：

```
1 public ViewHolder onCreateViewHolder(ViewGroup parent, int viewType) {
2   View view = View.inflate(mContext, R.layout.item_pic_layout, null);
```

```
3    ViewHolder holder = new ViewHolder(view);
4    return holder;
5 }
```

（2）ViewHolder

生成用于持有 View 的 ViewHolder。具体代码如下：

```
1 public class ViewHolder extends IViewHolder {
2    public LinearLayout rl_root;
3    public ImageView iv_pic;
4    public TextView tv_title;
5    public ViewHolder(View itemView) {
6        super(itemView);
7        rl_root = (LinearLayout) itemView.findViewById(R.id.rl_root);
8        iv_pic = (ImageView) itemView.findViewById(R.id.iv_pic);
9        tv_title = (TextView) itemView.findViewById(R.id.tv_title);
10    }
11 }
```

（3）onBindViewHolder

在 onBindViewHolder 中对 ViewHolder 的控件设置数据并显示。具体代码如下：

```
1 public void onBindViewHolder(final ViewHolder holder, int position) {
2     PicListBean picListBean = mPicListBeens.get(position);
3     String imageSrc = picListBean.getCover();
4     String title = picListBean.getSetname();
5     holder.tv_title.setText(title);
6     Glide.with(mContext)
7            .load(imageSrc)
8            .placeholder(R.drawable.defaultbg)
9            .crossFade()
10            .into(holder.iv_pic);
11 }
```

第 6～10 行使用了 Glide 图片加载库，目前在 Android 项目上，图片加载库有很多选择，Glide 是主流的加载库之一，作为一个被 Google 推荐的开源库，它有着跟随页面周期、支持 gif 和 webp、支持多种数据源等特点，并且使用起来很简单。

（4）重写 getItemCount

获取子 View 的数量，即传过来的 List 的大小 getItemCount。具体代码如下：

```
1 public int getItemCount() {
2    return mPicListBeens.size();
3 }
```

（5）设置单击事件

对于 RecyclerView 的单击事件，系统没有提供接口 ClickListener 和 LongClickListener，需要自己实现。常用的方式一般有两种：第一种是使用 mRecyclerView.addOnItemTouchListener(listener)方法，根据手势动作判断；第二种是自己在 Adapter 中设置接口，然后将实现传递进去。一般使用第二种方式。

在 onBindViewHolder 方法中代码有点多，主要看 setOnClickListener 部分，实际上还是给普通的控件设置单击事件，在 onClick 中回调我们设置的接口，这样执行的方法就是我们想要的动作了。具体代码如下：

```
1 holder.itemView.setOnClickListener(new View.OnClickListener() {
2   @Override
3   public void onClick(View v) {
4       int position = holder.getIAdapterPosition();
5       final PicListBean picListBean = mPicListBeens.get(position);
6       if (mOnItemClickListener != null) {
7           mOnItemClickListener.onItemClick(position, picListBean, v);
8       }
9   }
10 });
11 public void setOnItemClickListener(OnItemClickListener listener) {
12  this.mOnItemClickListener = listener; //设置 Item 单击监听
13 }
14 //回调接口，在调用该 Adapter 的 activity 或 fragment 中实现
15 public interface OnItemClickListener<T> {
16   void onItemClick(int position, T t, View v);
17 }
```

单击事件的实现是在 Adapter 中调用 PicListFragment 实现，实际就是单击列表的一项后，调用相应的图片详情页面来处理。具体代码如下：

```
1 mAdapter.setOnItemClickListener(new PicListAdapter.OnItemClickListener() {
2   @Override
3   public void onItemClick(int position, Object o, View v) {
4       String id = mPicListBeens.get(position).getSetid();
5       Intent intent = new Intent(getActivity(), PicDetailActivity.class);
6       intent.putExtra(KEY_TID, tid);
7       intent.putExtra(SETID, id);
8       getActivity().startActivity(intent);
9   }
10 });
```

在 PicListFragment 中使用 Adapter。具体代码如下：

```
1  mAdapter  =  new  PicListAdapter(MyApplication.getContext(),  (ArrayList
<PicListBean>) mPicListBeens);
2 mIRecyclerView.setIAdapter(mAdapter);
```

Adapter 的全部代码请扫描下方二维码。

4-6-1

## 【任务 4-7】图片列表逻辑代码

**【任务分析】**

图片列表主要是显示从网络或缓存提取的当前最新图片，在图片模块 PhotoFragment 中，fragment 集合需要填充实例化后的 PicListFragment，填充的 fragment 集合传给图片列表 Adapter，适配 ViewPager，显示图片列表。

**【任务实施】**

（1）向 Fragment 传递参数

Fragment 在开发中是经常使用的，我们在创建一个 Fragment 对象实例时一般都会通过 new Fragment()构造方法来实现。如果在创建 Fragment 时需要向其传递数据，则可以通过构造方法直接来传递参数，或者通过 Fragment.setArguments(Bundle bundle)方式来传递参数。在 PicListFragment 中采用的是第二种传递方式。具体代码如下：

```
1 public static PicListFragment newInstance(String tid, String column) {
2   Bundle bundle = new Bundle();
3   bundle.putSerializable(KEY_TID, tid);
4   bundle.putSerializable(KEY_COLUMN, column);
5   PicListFragment fragment = new PicListFragment();
6   fragment.setArguments(bundle);
7   return fragment;
8 }
```

在 PhotoFragment 实例化 PicListFragment 的代码如下：

```
1 BaseFragment fragment = PicListFragment.newInstance(channelBean.getTid(),
channelBean.getColumn());
```

（2）初始化界面元素

onCreateView 是创建的时候调用，每次创建、绘制该 Fragment 的 View 组件时回调该方法，Fragment 将会显示该方法返回的 View 组件。onViewCreated 是在 onCreateView 后被触发的事件，主要用来初始化布局上的各个控件。具体代码请扫描下方二维码。

4-7-1

第 10 行主要初始化显示页面状态控件 LoadingPage，第 11 行初始化显示列表控件 IRecyclerView，第 12 行设置布局管理器为默认的垂直布局，第 13 行设置条目间分割线，这里自定义了一个 DividerGridItemDecoration，用于网格布局的分隔，与新闻列表界面相同，第 14 行设置上拉刷新页面，第 15～18 行设置下拉刷新页面，第 19 行是一个显示 LoadingPage 的正在加载状态的方法。具体代码如下：

```
10    mLoadingPage = (LoadingPage) mView.findViewById(R.id.loading_page);
11    mIRecyclerView = (IRecyclerView) mView.findViewById(R.id.
iRecyclerView);
12    mIRecyclerView.setLayoutManager(new GridLayoutManager(getActivity(), 1));
13    mIRecyclerView.addItemDecoration(new DividerGridItemDecoration
(getActivity()));
14    mLoadMoreFooterView = (LoadMoreFooterView) mIRecyclerView.
getLoadMoreFooterView();
15    ClassicRefreshHeaderView classicRefreshHeaderView = new
ClassicRefreshHeaderView(getActivity());
16    classicRefreshHeaderView.setLayoutParams(new LinearLayout.
LayoutParams(LinearLayout.LayoutParams.MATCH_PARENT, DensityUtils.dip2px
(getActivity(), 80)));
17    //we can set view
18    mIRecyclerView.setRefreshHeaderView(classicRefreshHeaderView);
19    showLoadingPage();
```

（3）初始化数据

初始化数据较为简单，主要是通过 getArguments()方法获得传入的参数值——频道 ID 号以及子类号 Column，初始化线程池，然后拼接成完整的网址，网址结构参见任务 3-10，准备读取数据。具体代码如下：

```
1 public void initValidata() {
2   if (getArguments() != null) {
3      //取出保存的频道 TID 和子类 Column
4      tid = getArguments().getString(KEY_TID);
5      column = getArguments().getString(KEY_COLUMN);
6   }
7   mThreadPool = ThreadManager.getThreadPool();
8   mUrl = Api.PictureUrl + tid + column + mStartIndex + Api.endPicture;
9   LogUtils.d(TAG, "PicUrl:" + mUrl);
10   getPicsFromCache();
11 }
```

（4）读取缓存数据并解析

从缓存或网络读取数据并解析数据耗时比较长，我们需要把这些任务放到线程中去处理，在任务 3-3 中，已经详细讲解了 LocalCacheUtils 缓存工具类，getLocalCache()方法可以根据网址提取缓存中的最近图片列表 JSON 数据，在子线程中，提取数据后使用任务 4-5 的数据解析工具类的 PicList ()方法，可以将图片列表 JSON 数据转换得到图片列表实体集合，获得图片列表实体集合数据后，我们把数据交给 Handler 通过 Message 传回 UI 线程去处理。

如果缓存中的数据时间超过 3 个小时（任务 3-4，BaseFragment 中 isLastNews()方法）或者没有缓存数据，就需要从网络请求数据。具体代码请扫描下方二维码。

4-7-2

（5）网络读取数据

根据任务 3-12 可知，我们采用 OkHttp3 开源框架来访问网络获取数据，OkHttp3 采用 Callback 回调机制来返回数据，我们只需要实现 Callback 接口的 onResponse()和 onFailure()方法，onResponse()方法会在服务器成功响应请求的时候调用，参数 response 代表服务器返回的数据，onFailure()方法会在网络操作出现错误时调用，参数 e 记录着错误的详细信息。

在服务器成功响应应时，通过 response.body().string()就可以获得服务器返回的图片列表 JSON 数据，通过 DataParse 数据解析工具类的 PicList()方法，可以将图片列表 JSON 数据转换得到图片列表实体集合，获得图片列表实体集合数据后，我们还是把数据交给 Handler 通过 Message 传回 UI 线程去处理；然后需要把最新返回的图片列表 JSON 数据和当前时间以 URL 访问网址为关键字保存到缓存中，以便下次可以从缓存提取数据。

在网络操作出现错误时，我们直接发送错误消息给 Handler 来处理。具体代码请扫描下方二维码。

4-7-3

（6）Handler 消息机制

图片列表的 Handler 消息机制与新闻列表的 Handler 消息机制基本雷同，不再介绍。

（7）绑定显示数据

在拿到网络或存储数据后，需要进行绑定数据，并将绑定数据显示在页面上。绑定数据主要是设置 IRecyclerView 的 Adapter，详情见任务 4-6。在绑定 Adapter 后数据就可以显示在 IRecyclerView 上，接下来处理 Adapter 的单击回调接口，该接口实现 onItemClick()方法即可，在该方法中，我们获取单击图片列表数据对应的图片详情实体分类 ID 和 SETID，就转到 PicDetailActivity 去显示图片详情。具体代码如下：

```
1 public void bindData() {
2   mAdapter = new PicListAdapter(MyApplication.getContext(), (ArrayList
<PicListBean>) mPicListBeens);
3   mIRecyclerView.setIAdapter(mAdapter);
4   mAdapter.setOnItemClickListener(new PicListAdapter.OnItemClickListener() {
5      @Override
6      public void onItemClick(int position, Object o, View v) {
7         String id = mPicListBeens.get(position).getSetid();
8         Intent intent = new Intent(getActivity(), PicDetailActivity.class);
9         intent.putExtra(KEY_TID, tid);
10         intent.putExtra(SETID, id);
11         getActivity().startActivity(intent);
12      }
13   });
14 }
```

显示图片列表页面主要设置 IRecyclerView 课件，隐藏 LoadingPage 页面。具体代码如下：

```
1 private void showPicsPage() {
2    mIRecyclerView.setVisibility(View.VISIBLE);
3    mLoadingPage.setSuccessView();
4 }
```

（8）处理数据刷新

数据刷新的处理与新闻列表基本相同，不再复述。

整个图片列表逻辑的具体代码请扫描下方二维码。

4-7-4

## 4.3　图 片 详 情

### 任务综述

图片详情模块主要是展示从网络获取的图片详情信息，完成以下子任务：加载数据的过程中需要提示“正在加载”的反馈信息给用户；加载成功后，将加载得到的数据填充到 WebView 展示给用户；若加载数据失败，如无网络连接，则需要给用户提示信息。

【知识点】

- WebView 控件。
- HTML 文本处理。

【技能点】

- WebView 的应用，WebView 的设置。
- HTML 中图片的处理。

### 【任务 4-8】图片详情界面

【任务分析】

移动新闻客户端项目的图片详情效果如图 4-2 和图 4-3 所示，整个布局主要放置一个 ToolBar 控件用于显示返回标记和一个显示图片轮播的容器控件 ViewPager。

图 4-2　图片详情 Activity 布局效果

图 4-3　图片详情 View Item 布局效果

**【任务实施】**

（1）Activity 布局文件

在资源文件中，添加一个 ToolBar 和一个 ViewPager 标签，ViewPager 可以在其中添加其他的 View 类，在移动新闻客户端中添加 View Item 布局文件生成的 view，在 Activity 里实例化 ViewPager 组件，并由一个 PagerAdapter 适配器类给它提供数据。具体的布局代码如下：

```
1 <?xml version="1.0" encoding="utf-8"?>
2 <FrameLayout xmlns:android="http://schemas.android.com/apk/res/android"
3           xmlns:app="http://schemas.android.com/apk/res-auto"
4           android:layout_width="match_parent"
5           android:layout_height="match_parent">
6    <android.support.v4.view.ViewPager
7       android:id="@+id/vp_pic"
8       android:layout_width="match_parent"
9       android:layout_height="match_parent"/>
10    <android.support.v7.widget.Toolbar
11       android:id="@+id/toolbar"
12       android:layout_width="match_parent"
13       android:layout_height="?attr/actionBarSize"
14       android:background="@drawable/background_toolbar_translucent"
15       app:layout_scrollFlags="scroll|enterAlways|snap"
16       />
17 </FrameLayout>
```

（2）View Item 布局文件

View Item 布局是每张图片显示的内容，包含一个 ImageView 显示照片，一个 TextView 显示标题，一个 TextView 显示当前页号/总共页数，还有一个 TextView 显示图片说明，这 3 个 TextView 放在一个 ScrollView 中，可以统一控制是否显示图片文字。具体代码请扫描下方二维码。

4-8-1

## 【任务 4-9】图片详情数据实体类

【任务分析】

通过 URL 可以获取图片详细信息的 JSON 数据，可以建立图片详细数据实体类，实体类的属性和 JSON 的对象基本一一对应。

【任务实施】

（1）图片详情 JSON 数据

图片列表的 JSON 数据被解析后会显示在 IRecycleView 上，根据 setid 可以拼接出图片详情页的网址 http://c.m.163.com/photo/api/set/0001/2303293.json，访问该网址就可以得到图片详情页面的 JSON 数据。具体代码请扫描下方二维码。

4-9-1

（2）图片详情实体类

图片详情实体数据量非常大，最为重要的属性为 List<PhotosBean> photos，表示图片详情中的照片集合，通过 getPhotos()方法就可以得到，每张照片由 PhotosBean 子实体类表示，PhotosBean 子实体类中的 imgtitle 属性表示该图片标题，note 属性表示该图片的详细描述，imgurl 表示该图片对应的下载地址，以便于 Glide 加载该图片到对应的 Imageview 上。具体代码请扫描下方二维码。

4-9-2

## 【任务 4-10】图片轮播 Adapter

【任务分析】

在拿到图片详情的对象之后，可以看到对象中包含多张图片，要显示较多张图片时，我们设置了 ViewPager 容器用来放置多张图片，在左右滑动时可以切换图片，需要一个 PagerAdapter 适配器类给它提供数据，最终把图片详情对象中的 List<PhotosBean>对象数组的数据显示到 PicDetailActivity 的 ViewPager 中，当实现一个 PagerAdapter 时，必须至少覆盖以下方法：返回视图对象的 instantiateItem(ViewGroup, int)方法、销毁视图对象的 destroyItem(ViewGroup, int, Object)方法、返回视图个数的 getCount()方法、判断两个视图是否是等价的 isViewFromObject(View, Object)方法。

【任务实施】

（1）instantiateItem(ViewGroup, int)方法

该方法初始化当前位置的 item，类似于 ListView 的 getView 方法，滑动到一个新的位置时，需要构建当前 view。在 baseAdapter 的 getView 方法中，我们只需要返回一个 View 即可，ListView 会直接帮我们添加显示出来；而 pagerAdapter 中，我们需要自己 add 到容器布局里面；另外，baseAdapter 的 getView 返回的是 View，而 instantiateItem()返回值为 Object，并不一定是一个 View，说明 Viewpager 并不帮我们处理 View 的显示，需要我们自己添加到视图中。具体代码请扫描下方二维码。

4-10-1

第 2 行解析布局生成 View 对象，第 10 行根据 position 获取了多张图像中的一张放到 PhotosBean 对象中，接下来分别为 3 个 TextView（tv_title、tv_pic_content、tv_pic_sum）设置值，最后在第 31～36 行用 Glide 将 Imgurl 的图片网址加载到 IamgeView（iv_pic）。

在第 37～48 行处理图片单击事件，当单击图片时，如果没有隐藏标题、文字说明、页码的话，显示它们，否则隐藏它们。具体代码如下：

```
2    View view = View.inflate(mContext, R.layout.fragment_pic_detail, null);
10        ImageDetailBean.PhotosBean photosBean =
31     Glide.with(mContext)
32            .load(photosBean.getImgurl())
33            .placeholder(R.drawable.defaultbg)     //设置占位图
34            .centerCrop()                          //图片显示类型 fitCenter()
35            .crossFade()                           //显示动画——淡入淡出
36            .into(iv_pic);
37     iv_pic.setOnClickListener(new View.OnClickListener() {
38         @Override
39         public void onClick(View v) {
40             if (isGone) {
41                 sv_content.setVisibility(View.VISIBLE);
42                 isGone = false;
43             } else {
44                 sv_content.setVisibility(View.GONE);
45                 isGone = true;
46             }
47         }
48     });
```

（2）destroyItem(ViewGroup, int, Object)方法

销毁一个 item，在有限的空间内展示未知数量的数据，必然要将一些视图范围外的资源销毁，不然会导致 OOM（Out Of Memory，内存溢出）。因为 Viewpager 并不帮忙处理 View 相关事物，所以在 instantiateItem 中创建视图，需要在 destroyItem 中销毁视图。

这里的 Object 就是 instantiateItem 方法返回的 Obeject，上面的方法中，直接返回了当前位置的 View，所以我们可以 remove。如果 instantiateItem 的方法并不是返回的 View，那么就需要通过 position，或者 Object 找到当前 View 进行销毁。具体代码如下：

```
1 public void destroyItem(ViewGroup container, int position, Object object) {
2   container.removeView((View) object);
3 }
```

（3）getCount()方法

返回 ViewPager 控件内部的子 View 数量；返回集合数据的长度即可。具体代码如下：

```
1 public int getCount() {
2   return mImageDetailBean.getPhotos().size();
3 }
```

（4）isViewFromObject(View, Object)方法

判断当前 View 是否和 Object 有关联。ViewPager 通过 instantiateItem 方法只是拿到了一个 Object，ViewPager 里面关联的数据就只有 Object 数据；而视图的滑动，操作的是 View，

ViewPager 需要通过滑动位置计算得到当前 View，并且拿到对应的 Object，从而获取保存在 ViewPager 中该位置的相关信息。具体代码如下：

```
1 public boolean isViewFromObject(View view, Object object) {
2    return view == object;
3 }
```

（5）在 PicDetailActivity 中使用 Adapter。具体代码如下：

```
1 PicDetailAdapter picDetailAdapter = new PicDetailAdapter(mImageDetailBean);
2 mViewPager.setAdapter(picDetailAdapter);
3 mViewPager.setCurrentItem(0); //显示第一张照片
```

Adapter 的全部代码请扫描下方二维码。

4-10-2

## 【任务 4-11】访问网络获取图片详情

**【任务分析】**

根据上述图片列表的 JSON 数据，我们可以建立图片列表数据实体类，实体类的属性和 JSON 的对象基本一一对应。

**【任务实施】**

访问网络获取图片详情使用的是 sendOKHttpRequestPic()方法。

新闻客户端的访问网络非常简单，使用的是 OkHttp 默认使用的 get 请求。具体代码请扫描下方二维码。

4-11-1

可以看出我们增加了一个方法 sendOKHttpRequestPic()，该方法主要用于访问图片详情数据，因为图片详情数据的服务器端 API 应该是设置了限制，使得手机端 okhttp 作为 HTTP 客户端时，服务器返回 HTTP 403 禁止访问。okhttp 不是原生的 HTTP 请求，它在 header 中并没有真正的 User-Agent，而是“okhttp/版本号”这样的字符串，为 okhttp 设置 User-Agent 可以解决问题。

# 【任务 4-12】图片详情数据获取及解析

**【任务分析】**

与新闻列表不同的是，图片详情数据并不通过缓存，而直接从网络获取，获取的方式也是通过任务 4-11 中的 HttpUtil 工具类的 sendOKHttpRequestPic()方法，然后在 Callback()回调函数中获取返回的数据，获取数据后，还是通过 DataParse 数据解析工具类的新方法 ImageDetail()来把 JSON 数据解析为 ImageDetailBean 实体对象，然后使用 runOnUiThread()方法实施数据绑定和 UI 更新。

**【任务实施】**

（1）图片详情数据获取

具体代码请扫描下方二维码。

4-12-1

需要注意的是，在第 15～20 行，当获取数据成功时，需要在 UI 线程中绑定数据，更新界面。具体代码如下：

```
15                  UIUtils.runOnUIThread(new Runnable() {
16                      @Override
17                      public void run() {
18                          if (mImageDetailBean != null) {
19                              bindData();
20                          }
```

（2）图片详情数据解析

解析图片详情数据首先需要图片详情数据的实体类，任务 4-9 中已经给出了 ImageDetailBean 文件就是图片详情数据的实体类，在前面的（1）中获取了图片详情 JSON 数据，可以看出是 JsonObject 数据，因此可以直接使用 Gson 的 fromJson()方法反序列化为对象。具体代码如下：

```
1 public static ImageDetailBean ImageDetail(String result) {
2   LogUtils.d("图片返回的详细数据", "DataParse.ImageDetail.result: " + result);
3   ImageDetailBean imageDetailBean = null;
4   if (result != null) {
5      Gson gson = new Gson();
6      imageDetailBean = gson.fromJson(result, ImageDetailBean.class);
7      LogUtils.d(TAG, "parseJson: 数据解析成功");
8   } else {
9      LogUtils.d(TAG, "parseData: 没有数据");
10   }
```

```
11    return imageDetailBean;
12}
```

## 【任务 4-13】图片详情逻辑代码

**【任务分析】**

在图片列表上单击某一张图片就会进入图片详情模块，图片详情模块就会轮播显示图片详情的多张图片。

图片详情逻辑代码获取图片列表传回的图片分类 ID 和详情 ID 数据，然后初始化界面元素，获取网络数据并解析后利用 UIUtils 工具的 runOnUIThread()方法在 UI 主线程中执行绑定数据、显示图片。

**【任务实施】**

（1）获取 PicListFragment 传来的图片分类 ID 和详情 ID 数据

为了传递每张图片的图片分类 ID 和详情 ID 数据，在 PicListFragment 中执行如下代码：

```
1 tid = getArguments().getString(KEY_TID); //保存的频道 TID，从 PhotoFragment 传来
2 String id = mPicListBeens.get(position).getSetid();
3 Intent intent = new Intent(getActivity(), PicDetailActivity.class);
4 intent.putExtra(KEY_TID, tid);
5 intent.putExtra(SETID, id);
6 getActivity().startActivity(intent);
```

在 PicDetailActivity 中可以通过如下代码获得 PicListFragment 传来的图片分类 ID 和详情 ID 数据：

```
1 Intent intent = getIntent();
2 tid = intent.getStringExtra(KEY_TID);
3 setid = intent.getStringExtra(SETID);
```

getIntent()方法获得这个 intent，然后再 getStringExtra("Key")，获得 string 型变量值，这个 key 必须和 putExtra()方法中的 key 一致。

（2）初始化界面元素

初始化界面元素主要是将界面的布局文件实例化为 View，然后在 View 中找到每种控件，以便下面使用，主要控件有 ToolBar，用于返回上一级，ViewPager 显示图片内容。具体代码如下：

```
1 public void initView() {
2    Toolbar toolbar = (Toolbar) findViewById(R.id.toolbar);
3    setSupportActionBar(toolbar);
4    ActionBar actionBar = getSupportActionBar();
5    if (actionBar != null) {
6       actionBar.setDisplayHomeAsUpEnabled(true);
7       actionBar.setDisplayShowTitleEnabled(false);
8       actionBar.setHomeAsUpIndicator(R.drawable.icon_back);
9    }
```

```
10    mViewPager = (ViewPager) findViewById(R.id.vp_pic);
11 }
```

（3）绑定显示数据

在任务 4-11 中获取 ImageDetailBean 实体数据后，可以绑定到 PicDetailAdapter 上，为 ViewPager 提供显示数据。具体代码如下：

```
1 public void bindData() {
2    PicDetailAdapter picDetailAdapter = new PicDetailAdapter(mImageDetailBean);
3    mViewPager.setAdapter(picDetailAdapter);
4    mViewPager.setCurrentItem(0);
5 }
```

最后，我们给出图片详情的全部逻辑代码，具体代码请扫描下方二维码。

4-13-1

## 4.4 本章小结

本章主要讲解了东仔移动新闻客户端项目的图片模块开发，主要包含图片中心顶端频道选项设置、图片列表、图片详情显示等功能。这几个功能模块是本项目最核心的部分，需要读者完全掌握，巩固提高。

## 4.5 习　题

1．Android 中的单位 dip、px 和 sp 有何区别？

2．注册广播有几种方式？这几种方式有何不同？

# 第 5 章　推荐视频模块

## 学习目标

- ❑ 掌握视频列表的开发，能够独立实现视频新闻获取和列表显示。
- ❑ 掌握视频详情的开发，能够实现视频的播放。

## 5.1　视 频 列 表

### 任务综述

推荐视频列表模块主要是为了展示从网络获取的视频列表信息，主要完成以下子任务：加载数据的过程中需要提示“正在加载”的反馈信息给用户；加载成功后，将加载得到的数据填充到 IRecyclerView 控件展示给用户；若加载数据失败，如无网络连接，则需要给用户提示信息；当下拉或上拉时需要处理数据的刷新。

【知识点】

- ❑ IRecyclerView 控件，LoadingPage 布局。
- ❑ RecyclerView 的 Adapter、OkHttp3 访问网络、ViewPager 控件。
- ❑ Handler 处理、使用 Gson 处理 JSON 格式的数据。

【技能点】

- ❑ IRecyclerView 的应用，RecyclerView.Adapter 的实现。
- ❑ 利用 OkHttp3 访问网络获取数据，处理 JSON 格式的数据。
- ❑ 利用 Handler 分发消息，绑定数据，显示数据。
- ❑ 数据刷新。

### 【任务 5-1】视频列表界面

**【任务分析】**

移动新闻客户端项目的视频列表效果如图 5-1 所示，整个布局包含一个开源控件 IRecyclerView 和一个显示页面状态控件 LoadingPage。

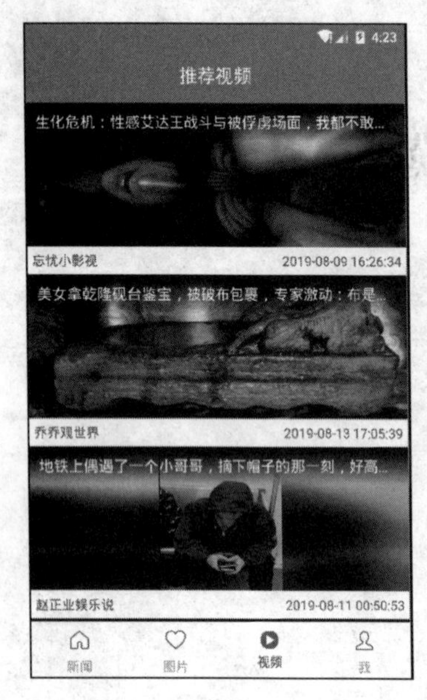

图 5-1　视频列表效果

【任务实施】

具体的任务实施与任务 3-8 基本一致，请读者自行参考。具体代码请扫描下方二维码。

5-1-1

## 【任务 5-2】视频列表 JSON 数据

【任务分析】

视频列表 JSON 数据来源于 API，在任务 3-10 中已经详细描述了视频列表 API。

【任务实施】

（1）视频 API 接口

视频 API 首先有一个统一的前缀，我们可以把统一的前缀定义为 host，其他所有的网址都是根据频道的 ID 拼接而成，单击视频列表某条视频，其视频播放直接使用对应的实体类的 mp4_url 就可以直接播放视频，无须网址，视频 URL 拼接规则如下：

```
1 mUrl = Api.host + Api.SpecialColumn2 + Api.specialVideoId + Api.SpecialendUrl
+ mStartIndex + Api.devId;
```

API 如下：

```
1 public static final String host = "http://c.m.163.com/";
2 //图片栏目的前缀
```

```
3 //特殊频道前缀：视频/段子、美女、萌宠适用
4 public static final String SpecialColumn2 = "recommend/getChanListNews?
channel=";
5 //视频
http://c.m.163.com/recommend/getChanListNews?channel=T1457068979049&offset=0
&size=20&devId=44t6%2B5mG3ACAOlQOCLuIHg%3D%3D
6 public static final String specialVideoId = "T1457068979049";
7 //所有特殊频道的结尾，如热点、网易号、段子、美女、萌宠
8 public static final String SpecialendUrl = "&size=10&offset=";
9 public static final String devId = "&devId=44t6%2B5mG3ACAOlQOCLuIHg%
3D%3D";
```

（2）视频列表 JSON 数据

根据上述 API，我们可以看到 http://c.m.163.com/recommend/getChanListNews?channel=T1457068979049&size=10&offset=10&devId=44t6%2B5mG3ACAOlQOCLuIHg%3D%3D 网址访问后就可以得到推荐视频列表的 JSON 数据。

视频列表 JSON 数据示例，具体代码请扫描下方二维码。

5-2-1

## 【任务 5-3】视频列表数据实体类

**【任务分析】**

根据上述视频列表的 JSON 数据，我们可以建立视频列表数据实体类，实体类的属性和 JSON 的对象基本一一对应。

**【任务实施】**

根据视频列表 JSON 数据，我们可以得到一个对象的具体内容，其中 title 作为视频标题，ptime 作为视频发布时间，cover 作为视频首页图片，videosource 作为视频来源，mp4_url 作为视频播放网址，在视频播放中无须再产生 URL。具体代码请扫描下方二维码。

5-3-1

## 【任务 5-4】解析视频列表 JSON 数据

**【任务分析】**

通过 OkHttp3 去访问网络 URL，获取到 JSON 数据之后，我们需要对 JSON 数据进行

解析，获得对应的实体对象或实体对象集合供列表使用。

【任务实施】

解析视频列表数据首先需要视频列表数据的实体类，任务 5-3 中已经给出的 VideoBean 文件就是视频列表数据的实体类，并在任务 5-2 中也获取了视频列表 JSON 数据，可以看出 JSON 数据中含有中括号[]，说明该括号内的数据为集合数据，因此需要使用集合数据的数据解析方法进行解析。具体代码请扫描下方二维码。

5-4-1

## 【任务 5-5】视频列表适配器

【任务分析】

在拿到视频列表的对象集合之后，我们需要把集合中的数据显示到 VideoFragment 的 IRecyclerView 控件中，因为 IRecyclerView 是继承自 RecyclerView 的，所以拥有 RecyclerView 的所有功能。我们就需要写一个继承自 RecyclerView.Adapter 的适配器来完成数据和 item 控件之间的绑定。需要注意的是，IRecyclerView 在设置 adapter 时，使用 setIAdapter，其他地方与使用 RecyclerView 时一样。

【任务实施】

（1）onCreatViewHolder()

复用 onCreateViewHolder()，在该方法中引入 item 的布局。具体代码如下：

```
1 public ViewHolder onCreateViewHolder(ViewGroup parent, int viewType) {
2   View view = View.inflate(mContext, R.layout.item_video_layout, null);
3   final ViewHolder holder = new ViewHolder(view);
4   return holder;
5 }
```

（2）ViewHolder

生成用于持有 View 的 ViewHolder。具体代码如下：

```
1 public class ViewHolder extends IViewHolder {
2  public TextView tv_from ;
3  public TextView tv_title ;
4  public TextView tv_play_time ;
5  public ImageView iv_video ;
6  public ViewHolder(View itemView) {
7     super(itemView);
8    tv_from = (TextView) itemView.findViewById(R.id.tv_from);
9     tv_title = (TextView) itemView.findViewById(R.id.tv_title);
10     iv_video = (ImageView) itemView.findViewById(R.id.iv_video);
```

```
11        tv_play_time = (TextView) itemView.findViewById(R.id.tv_play_time);
12    }
13 }
```

（3）onBindViewHolder

在 onBindViewHolder()中对 ViewHolder 的控件设置数据并显示。具体代码如下：

```
1 public void onBindViewHolder(ViewHolder holder, int position) {
2     final  VideoBean videoBean = mVideoBeanList.get(position);
3     String imageSrc = videoBean.getCover();
4     String title = videoBean.getTitle();
5     String source = videoBean.getVideosource();
6     String postTime = videoBean.getPtime();
7     holder.tv_title.setText(title);
8     holder.tv_from.setText(source);
9     holder.tv_play_time.setText(postTime);
10     holder.iv_video.setScaleType(ImageView.ScaleType.FIT_XY);
11     Glide.with(mContext)
12            .load(imageSrc)
13            .placeholder(R.drawable.defaultbg_h)
14           .crossFade()
15            .into(holder.iv_video);
16 }
```

在第 11～15 行使用了 Glide 图片加载库，目前在 Android 项目中，图片加载库有很多选择，Glide 是主流的加载库之一，作为一个被 Google 推荐的开源库，它有着跟随页面周期、支持 gif 和 webp、支持多种数据源等特点，并且使用起来很简单。

（4）重写 getItemCount

获取子 View 的数量，即传过来的 List 的大小 getItemCount。具体代码如下：

```
1 public int getItemCount() {
2     return mVideoBeanList.size();
3 }
```

（5）设置单击事件

对于 RecyclerView 的单击事件，系统没有提供接口 ClickListener 和 LongClickListener，需要自己实现。常用的方式一般有两种：第一种是使用 mRecyclerView.addOnItemTouchListener (listener)方法，根据手势动作判断；第二种是自己在 Adapter 中设置接口，然后将实现传递进去。一般使用第二种方式。

在 onBindViewHolder()方法中代码有点多，主要看 setOnClickListener 部分，实际上还是给普通的控件设置单击事件，在 onClick 中回调我们设置的接口，这样执行的方法就是我们想要的动作了。具体代码如下：

```
1 view.setOnClickListener(new View.OnClickListener() {
2     @Override
3     public void onClick(View v) {
4         final int position = holder.getIAdapterPosition();
```

```
5        final VideoBean videoBean = mVideoBeanList.get(position);
6        if (mOnItemClickListener != null) {
7           mOnItemClickListener.onItemClick(position, videoBean, v);
8        }
9    }
10 });
11 public void setOnItemClickListener(OnItemClickListener listener) {
12   this.mOnItemClickListener = listener; //设置 Item 单击监听
13 }
14 //回调接口，在调用该 Adapter 的 activity 或 fragment 中实现
15 public interface OnItemClickListener<T> {
16   void onItemClick(int position, T t, View v);
17 }
```

单击事件的实现是在调用 Adapter 的 VideoFragment 时实现的，实际就是单击列表的一项后，调用相应的视频详情页面来处理。具体代码如下：

```
1 mVideoListAdapter.setOnItemClickListener(new VideoListAdapter.
OnItemClickListener() {
2   @Override
3   public void onItemClick(int position, Object o, View v) {
4       Intent intent = new Intent(getActivity(), VideoDetailActivity.
class);
5      //intent.putExtra(VID, mVideoBeanList.get(position).getVid());
6       intent.putExtra(MP4URL, mVideoBeanList.get(position).getMp4_url());
7       getActivity().startActivity(intent);
8   }
9 });
```

（6）在 VideoFragment 中使用 Adapter。具体代码如下：

```
1 mVideoListAdapter = new VideoListAdapter(getActivity(), mVideoBeanList);
2 mIRecyclerView.setIAdapter(mVideoListAdapter);
```

Adapter 的全部代码请扫描下方二维码。

5-5-1

## 【任务 5-6】视频列表逻辑代码

### 【任务分析】

视频列表主要是显示从网络或缓存提取的当前最新视频，在视频模块 VideoFragment 中，视频列表集合传给视频列表 Adapter，适配 IRecycleView，显示视频列表。

【任务实施】

（1）初始化界面元素

onCreateView 是创建的时候调用，每次创建、绘制该 Fragment 的 View 组件时回调该方法，Fragment 将会显示该方法返回的 View 组件。onViewCreated 是在 onCreatcView 后被触发的事件，主要用来初始化布局上的各个控件。具体代码请扫描下方二维码。

5-6-1

（2）初始化数据

初始化数据较为简单，主要是初始化线程池，然后读取数据。具体代码如下：

```
1 public void initValidata() {
2 //创建线程池
3 mThreadPool = UIUtils.getThreadPool();
4 getVideoFromCache();
5 }
```

（3）读取缓存数据并解析

从缓存或网络读取数据并解析数据耗时比较长，我们需要把这些任务放到线程中去处理，在任务 3-3 中，已经详细讲解了 LocalCacheUtils 缓存工具类，getLocalCache()方法可以根据网址提取缓存中的最近图片列表 JSON 数据，在子线程中，提取数据后使用任务 5-4 中数据解析工具类的 VideoList()方法，可以将视频列表 JSON 数据转换得到视频列表实体集合，获得视频列表实体集合数据后，我们把数据交给 Handler 通过 Message 传回 UI 线程去处理。

如果缓存中的数据时间超过 3 个小时（任务 3-4，BaseFragment 中 isLastNews()方法）或者没有缓存数据，就需要从网络请求数据。具体代码请扫描下方二维码。

5-6-2

（4）网络读取数据

根据任务 3-12 可知，我们采用 OkHttp3 开源框架来访问网络获取数据，OkHttp3 采用 Callback 回调机制来返回数据，我们只需要实现 Callback 接口的 onResponse()和 onFailure()方法，onResponse()方法会在服务器成功响应请求的时候调用，参数 response 代表服务器返回的数据，onFailure()方法会在网络操作出现错误的时候调用，参数 e 记录着错误的详细信息。

在服务器成功响应时，我们通过 response.body().string()就可以获得服务器返回的视频列表 JSON 数据，通过 DataParse 数据解析工具类的 VideoList()方法，可以将图片列表 JSON 数据转换得到视频列表实体集合，获得了视频列表实体集合数据后，我们还是把数据交给 Handler 通过 Message 传回 UI 线程去处理；然后需要把最新返回的视频列表 JSON 数据和当前时间以 URL 访问网址为关键字保存到缓存中，以便下次可以从缓存提取数据。

在网络操作出现错误时，我们直接发送错误消息给 Handler 来处理。具体代码请扫描下方二维码。

5-6-3

（5）Handler 消息机制

视频列表的 Handler 消息机制与新闻列表的 Handler 消息机制基本雷同，不再介绍。

（6）绑定显示数据

在拿到网络或存储数据后，需要进行绑定数据，并将绑定数据显示在页面上。绑定数据主要是设置 IRecyclerView 的 Adapter，详情见任务 5-5。在绑定 Adapter 后数据就可以显示在 IRecyclerView 上，接下来处理 Adapter 的单击回调接口，该接口实现 onItemClick()方法即可，在该方法中，我们获取单击视频列表数据对应的视频详情实体分类的 Mp4_url 数据，就转到 VideoDetailActivity 去显示播放视频。具体代码如下：

```
1 public void bindData() {
2   mVideoListAdapter = new VideoListAdapter(getActivity(), mVideoBeanList);
3   mIRecyclerView.setIAdapter(mVideoListAdapter);
4   mVideoListAdapter.setOnItemClickListener(new VideoListAdapter.
OnItemClickListener()
5 {
6       @Override
7       public void onItemClick(int position, Object o, View v) {
8           Intent intent = new Intent(getActivity(), VideoDetailActivity.
class);
9           intent.putExtra(MP4URL, mVideoBeanList.get(position).getMp4_url());
10           getActivity().startActivity(intent);
11       }
12   });
13 }
```

显示视频列表页面主要设置 IRecyclerView 课件，隐藏 LoadingPage 页面，具体代码如下：

```
1 private void showVideosPage() {
2   mIRecyclerView.setVisibility(View.VISIBLE);
3   mLoadingPage.setSuccessView();
4 }
```

（7）处理数据刷新

数据刷新的处理与新闻列表基本相同，不再复述。

整个视频列表逻辑代码请扫描下方二维码。

5-6-4

# 5.2 视频播放

## 任务综述

视频模块主要是展示从网络获取的视频详情信息，主要完成以下子任务：加载数据的过程中需要提示“正在加载”的反馈信息给用户；加载成功后，将加载得到的数据填充到 WebView 展示给用户；若加载数据失败，如无网络连接，则需要给用户提示信息。

【知识点】

- ❑ WebView 控件。
- ❑ HTML 文本处理。

【技能点】

- ❑ WebView 的应用，WebView 的设置。
- ❑ HTML 中视频的处理。

## 【任务 5-7】视频播放界面

**【任务分析】**

移动新闻客户端项目的视频效果如图 5-2 所示，整个布局主要放置一个 ToolBar 控件用于显示返回标记和一个播放组件布局以及一个显示页面状态控件 LoadingPage，播放组件布局中又包含 Vitamio 提供的 VideoView 用于播放视频，两个 TextView 分别显示缓冲进度和网速，一个 ImageView 用于显示视频封面照片。

**【任务实施】**

在资源文件中，添加一个 ToolBar 和一个 VideoView 标签，VideoView 用于播放视频。具体的布局代码请扫描下方二维码。

5-7-1

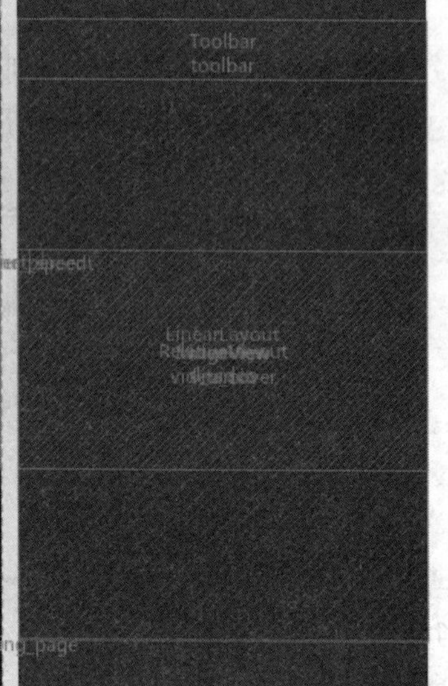


图 5-2 视频播放 Activity 布局效果

## 【任务 5-8】Vitamio 视频播放

【任务分析】

Vitamio 是一个支持所有 Android 设备的多媒体框架。Vitamio 与 Android 默认的 MediaPlayer 工作方式相似，但包含更加强大的功能。在移动新闻客户端中采用 Vitamio 框架实现视频播放。

【任务实施】

（1）以 Android Library 的方式使用 Vitamio

Vitamio 的中文名称为维他蜜，是一款 Android 平台上的全能多媒体开发框架。能够流畅播放 720P 甚至 1080P 高清 MKV、FLV、MP4、MOV、TS、RMVB 等常见格式的视频，还可以在 Android 上支持 MMS、RTSP、RTMP、HLS（m3u8）等常见的多种视频流媒体协议，包括点播与直播。

首先下载官方的 Demo 包，约 60MB，毕竟是支持视频播放的框架，所以体积有些大，下载后解压，选择 File→New→Import Modules→选择解压后的文件夹，一共有两个 Module，分别是 vitamio 和 vitamio-sample。

然后 AS（Andriod Studio，安卓开发环境软件）可能会报错，这是因为用户的 gradle 与 SDK 与官方 Demo 不同。解决方法：把 vitamio 和 vitamio-sample 下面的 build.gradle 中的版本号全部改为默认的 Module 中的版本号，单击同步即可。

然后选择 File→Project Structure→选择用户要写的 Module→Dependencies→右侧加号→Module Dependency→记住要选择 vitamio 而不是 vitamio-sample，不然会报错，等待 gradle 完成，即可使用 Vitamio。

（2）清单文件配置

Vitamio 必须给播放器所在的 Activity 设置 android:process，例如，android:process=

":vitamio"，关闭 Activity 时直接 kill，防止底层库可能存在的 Bug（故障）导致的崩溃问题。具体代码如下：

```
1 <activity
2   android:name="cn.dgpt.netnews.activity.PicDetailActivity"
3   android:process=":vitamio" />
```

Vitamio 需要以下权限，具体代码如下：

```
1 <uses-permission android:name="android.permission.INTERNET" />
2 <uses-permission android:name="android.permission.READ_EXTERNAL_STORAGE" />
3 <uses-permission android:name="android.permission.ACCESS_NETWORK_STATE" />
4 <uses-permission android:name="android.permission.WAKE_LOCK" />
```

（3）视频播放

Vitamio 播放视频主要包含以下几步。

首先必须对 Vitamio 进行初始化，用 Vitamio.initialize(this)方法可对其进行初始化操作，该方法有一个返回值表示初始化是否成功，当初始化成功后再进行下一步的操作。

```
1  Vitamio.isInitialized(this)
```

初始化 Vitamio 包下的 VideoView：

```
1  mVideoView = (VideoView) findViewById(R.id.vitamio);
```

放入网址：

```
1 // 测试 Url:   http://flv2.bn.netease.com/tvmrepo/2017/1/4/V/EC8TVS34V/
SD/EC8TVS34V-mobile.mp4
2 mVideoView.setVideoURI(Uri.parse(mMp4_url));
```

设置控制栏：

```
1 MediaController controller = new MediaController(this);
2 mVideoView.setMediaController(controller);
```

开始播放：

```
1 mVideoView.start();
```

准备播放缓冲监听：

```
1 mVideoView.setOnBufferingUpdateListener(new MediaPlayer.
OnBufferingUpdateListener() {
2   @Override
3   public void onBufferingUpdate(MediaPlayer mp, int percent) {
4      percentTv.setText("已缓冲: " + percent + "%");
5   }
6 });
```

准备信息变化监听：注册一个回调函数，在有警告或错误信息时调用。例如，开始缓冲、缓冲结束、下载速度变化。这个监听器我们可以用来监听缓冲的整个过程，what 参数表示缓冲的时机，extra 参数表示当前的下载网速。根据 what 参数可以判断出当前是开始缓冲，还是缓冲结束，还是正在缓冲。开始缓冲时，将左上角的两个控件显示出来，同时让播放器暂停播放；缓冲结束时，将左上角两个控件隐藏起来，同时播放器开始播放；正在缓冲时就来显示当前的下载网速。具体代码请扫描下方二维码。

5-8-1

## 【任务 5-9】视频播放逻辑代码

**【任务分析】**

在视频列表上单击某一张图片就会进入视频播放界面自动播放该视频。

视频播放逻辑代码获取视频列表传回的视频 URL 地址，然后初始化界面元素，调用 Vitamio 播放视频。

**【任务实施】**

（1）获取 VideoFragment 传来的视频播放网址

为了传递每条视频的播放网址，在 VideoFragment 中执行如下代码：

```
1 Intent intent = new Intent(getActivity(), VideoDetailActivity.class);
2 intent.putExtra(MP4URL, mVideoBeanList.get(position).getMp4_url());
3 getActivity().startActivity(intent);
```

在 VideoDetailActivity 中可以通过如下代码获得 VideoFragment 传来的视频播放网址：

```
1 Intent intent = getIntent();
2 if (intent != null) {
3   mMp4_url = intent.getStringExtra(MP4URL);
4 }
```

getIntent()方法获得这个 intent，然后再 getStringExtra("Key")，获得 string 型变量值，这个 key 必须和 putExtra()方法中的 key 一致。

（2）初始化界面元素

初始化界面元素主要是将界面的布局文件实例化为 View，然后在 View 中找到每种控件，以便下面使用，主要控件有 ToolBar，用于返回上一级， VideoView 播放视频。具体代码请扫描下方二维码。

5-9-1

（3）初始化数据以及非 Wi-Fi 观看视频对话框

在获得播放网址以及初始化布局后，首先需要判断是否是 Wi-Fi 状态，如果是的话，就调用 showVideoPage 直接播放视频，如果不是的话就弹出对话框，要求用户选择是否在流量状态下播放。具体代码请扫描下方二维码。

5-9-2

最后，视频播放的全部逻辑代码请扫描下方二维码。

5-9-3

## 5.3　本 章 小 结

本章主要讲解了东仔移动新闻客户端项目的视频模块开发，主要包含视频列表、视频播放等功能，尤其是视频播放功能用到了主流的视频框架 Vitamio，请读者一定要多加练习，完全掌握。

## 5.4　习　　题

1．StringBuffer 和 StringBuilder 有哪些区别？

2．Android 中有几类动画？它们的特点是什么？

# 第 6 章　“我”的界面模块

学习目标

- ❑ 掌握 PreferencesActivity 的开发，并能实现设置界面。
- ❑ 掌握修改密码功能的开发，实现用户密码的修改。
- ❑ 掌握设置密保功能的开发，并且通过密保可以找回用户密码。
- ❑ 掌握注册和登录模块的开发，能够实现用户登录功能。

## 6.1　“我”的界面

### 任务综述

根据“我”的界面设计图可知，该界面包含用户头像、用户名、用户管理、设置、关于和退出登录条目。当单击用户图像和用户名时会进入登录界面（未登录时）或用户信息中心（已经登录时）；单击用户管理出现密码修改和密保问题的设置；单击设置条目时会进入设置界面，以便设置新闻字体和清除缓存；在关于界面可以查看软件基本信息；单击退出登录可以改变登录状态。

【知识点】

- ❑ ListView 控件。
- ❑ SharedPreferences 数据存储。

【技能点】

- ❑ ListView 的头部添加布局。
- ❑ ListView 单击事件处理。
- ❑ 用 SharedPreferences 实现数据的存储和读取。

### 【任务 6-1】“我”的界面

**【任务分析】**

移动新闻客户端项目的“我”的界面效果如图 6-1 所示，整个布局包含一个公共布局 ToolBar 和一个 ListView。

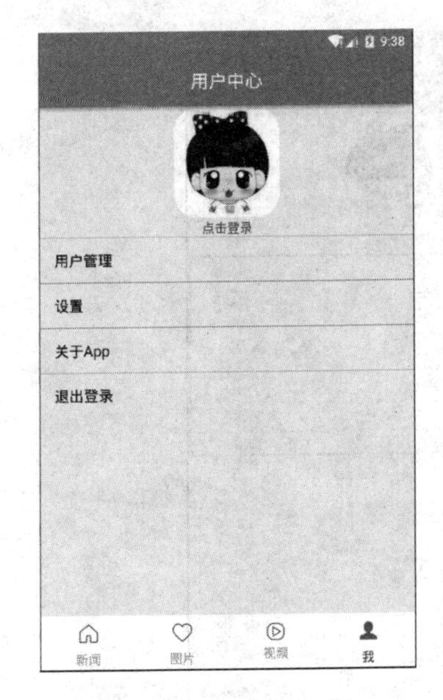


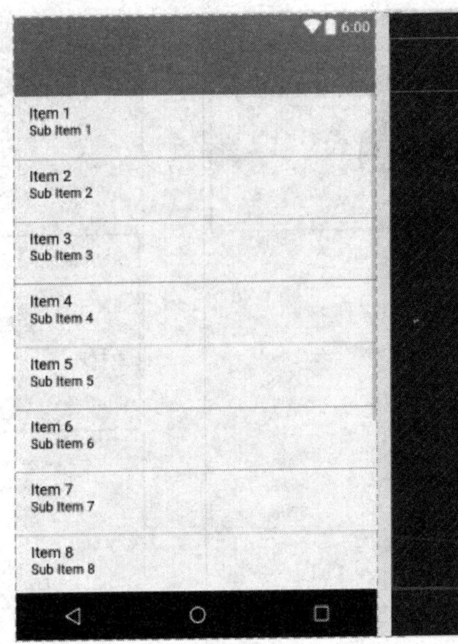

图 6-1 “我”的界面效果

**【任务实施】**

首先，在 res/layout 文件夹中，创建一个布局文件 fragment_my.xml，代码如下；其次，在 include 公共顶部工具栏放入一个普通的 ListView，用来放置不同的项目。

```
1 <?xml version="1.0" encoding="utf-8"?>
2 <LinearLayout xmlns:android="http://schemas.android.com/apk/res/android"
3    android:layout_width="match_parent"
4    android:layout_height="match_parent"
5    android:orientation="vertical">
6    <include layout="@layout/toolbar_page" />
7    <ListView
8       android:id="@+id/list_item"
9       android:layout_width="match_parent"
10       android:layout_height="wrap_content"
11       android:divider="@color/gray"
12       android:dividerHeight="1px"/>
13 </LinearLayout>
```

## 【任务 6-2】“我”的 item 界面

**【任务分析】**

“我”的界面用到了 ListView，所以需要设置其 item 项，但是要注意的是，其 item 项有两种：一种是最头部的用户图像和用户名文字，这个部分最后作为 headerview 增加到 ListView；一种是普通的文字项，如图 6-2 所示。

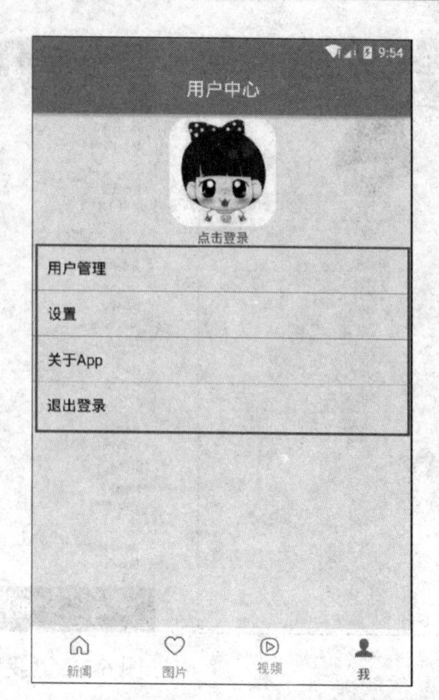


图 6-2　“我”的 item 界面两个 item 项效果

**【任务实施】**

（1）headerview 项

从 headerview 的 item 布局可以看到，每个 item 实际包含一个标题栏和一个图片栏，分别使用 TextView 和 ImageView，标题栏放置用户姓名，未登录时显示单击登录，图片栏放置用户图像。具体代码如下：

```
1 <?xml version="1.0" encoding="utf-8"?>
2 <LinearLayout xmlns:android="http://schemas.android.com/apk/res/android"
3    android:id="@+id/ll_content"
4    android:layout_width="match_parent"
5    android:layout_height="wrap_content"
6    android:gravity="center"
7    android:orientation="vertical">
8    <ImageView
9        android:id="@+id/user_icon"
10        android:layout_width="wrap_content"
11        android:layout_height="120dp"
12        android:src="@drawable/default_icon"/>
13     <TextView
14        android:id="@+id/user_name"
15        android:layout_width="wrap_content"
16        android:layout_height="wrap_content"
17        android:text="单击登录"/>
18 </LinearLayout>
```

（2）普通文字项

从普通文字项的 item 布局可以看到，每个 item 实际就包含一个标题栏，放置下一级菜单，值得注意的是，我们使用的是 Android 的 Theme 提供的属性值。具体代码如下：

```
1 <?xml version="1.0" encoding="utf-8"?>
2 <LinearLayout xmlns:android="http://schemas.android.com/apk/res/android"
3     android:layout_width="match_parent"
4     android:layout_height="wrap_content"
5     android:orientation="vertical">
6     <TextView
7         android:id="@+id/tv_about"
8         android:layout_width="match_parent"
9         android:layout_height="wrap_content"
10         android:gravity="center_vertical"
11         android:minHeight="?android:attr/listPreferredItemHeightSmall"
12         android:paddingEnd="?android:attr/listPreferredItemPaddingEnd"
13         android:paddingLeft="?android:attr/listPreferredItemPaddingLeft"
14         android:paddingRight="?android:attr/listPreferredItemPaddingRight"
15         android:paddingStart="?android:attr/listPreferredItemPaddingStart"
16         android:textAppearance="?android:attr/textAppearanceListItemSmall" />
17 </LinearLayout>
```

## 【任务 6-3】初始化界面元素

**【任务分析】**

在完成了各种布局后，我们需要初始化界面元素，首先从数组获取普通文字项的数据，然后初始化 headerview，向 ListView 的头部添加布局，并根据登录状态设置用户名。

**【任务实施】**

（1）获取普通文字项的数据

Android 工程 res/valuse 文件夹下的 arrays.xml 文件中用于存放各种数组数据，我们把菜单列表需要用到的数据存储到字符串数组，以方便使用。通过代码获取 arrays.xml 中的数组资源时，数组中的元素项不宜过多，特别是一次性获取的时候，有可能我们在使用时它还没有获取到我们需要使用的数组项。具体代码如下：

```
1 data = getActivity().getResources().getStringArray(R.array.array_about_type);
2 <string-array name="array_about_type">
3    <item>用户管理</item>
4    <item>设置</item>
5    <item>关于 App</item>
6    <item>退出登录</item>
7 </string-array>
```

（2）ListView 的头部添加布局

ListView 可以通过 addHeaderView 设置头部布局，需要注意的是，添加布局时应该从父容器开始添加，而不能直接添加父容器中的子控件。例如，从一个 XML 布局文件中添加一个 button 控件，只能将整个布局 XML 文件添加进去。而不能单单只添加 button 控件。

一般而言，addHeaderView()方法必须在 setAdapter()方法之前执行，否则会抛出异常。具体代码如下：

```
1  mView = inflater.inflate(R.layout.fragment_my, null);
2  mListView = (ListView) mView.findViewById(R.id.list_item);
3  user_view = LayoutInflater.from(getActivity()).inflate(R.layout.user_view,
mListView, false);
4  user_icon = (ImageView) user_view.findViewById(R.id.user_icon);
5  user_name = (TextView) user_view.findViewById(R.id.user_name);
6  mListView.addHeaderView(user_view);
```

（3）根据登录状态设置用户名

readLoginStatus()利用 PrefUtils 工具类获取 SharedPreferences 中存放的登录状态，setLoginParams 方法根据登录状态改变用户名的文字。具体代码如下：

```
1 setLoginParams(readLoginStatus());
2 /**
3  * 登录成功后设置“我”的界面
4  */
5 public void setLoginParams(boolean isLogin){
6   if(isLogin){
7       user_name.setText(readLoginUserName(getActivity()));
8   }else{
9       user_name.setText("单击登录");
10  }
11 }
12 /**
13 * 获取 SharedPreferences 中的登录状态
14 */
15 private boolean readLoginStatus() {
16      boolean  isLogin  =  PrefUtils.getBoolean(getActivity(),"loginInfo",
"isLogin",false);
17    return isLogin;
18 }
```

## 【任务 6-4】“我”的界面适配器

**【任务分析】**

“我”的界面适配器非常简单，只需要绑定 data 字符串数组中的文本即可，item 的布局见任务 6-2。

**【任务实施】**

（1）新建适配器类

MyAdapter 实现了 BaseAdapter 最基本的几个方法：getCount()，要填充的数据集数；getItem()，在数据集中指定索引对应的数据项；getItemId()，指定行所对应的 ID；getView(),

每个 Item 所显示的内容。具体代码请扫描下方二维码。

6-4-1

（2）绑定适配器

使用适配器实现数据与界面条目的绑定，使用适配器后就可以把数据加载到 ListView 上了。具体代码如下：

```
1 public void bindData() {
2   adapter = new MyAdapter();
3    mListView.setAdapter(adapter);
4 }
```

## 【任务 6-5】初始化监听器

**【任务分析】**

对 ListView 的 setOnItemClickListener 事件监听，以便转到不同的功能执行，值得注意的是，ListView 在设置头部时，其中 headView 属于 setOnItemClickListener 中的第 0 个 item，而数据的第 0 项其实显示于 ListView 的第 1 个 item，因此，注意 itemclick 的源数据获取，避免出现数组越界异常等。

**【任务实施】**

根据 position 值，转到相应的功能执行，在执行每个功能前检查登录状态，未登录时，除登录功能外，其他功能均不可执行。具体代码请扫描下方二维码。

6-5-1

## 【任务 6-6】“我”的界面逻辑代码

**【任务分析】**

在“我”的界面中需要判断用户是否登录，若用户已经登录则显示用户名，若用户未登录则显示“单击登录”。若用户已经登录，当单击用户头像时跳转到个人资料界面；单击用户管理出现密码修改和密保问题的设置；单击设置条目时会进入设置界面，以便设置新闻字体和清除缓存：在关于界面可以查看软件基本信息；单击退出登录可以改变登录状态。

**【任务实施】**

（1）创建 MyFragment 类

选中 cn.dgpt.netnews.fragment 包，在该包下创建一个 Java 类，名为 MyFragment，继承自 BaseFragment。

（2）读取 SharedPreferences 中的登录状态

由于“我”的界面需要根据登录状态来设置相应的图标和控件的显示，因此，需要创建 readLoginStatus()方法从 SharedPreferences 中读取登录状态。

（3）获取界面控件

创建界面控件的初始化方法 initView()，用于获取“我”的界面上所要用到的控件。并通过 readLoginStatus()方法判断当前是否为登录状态，如果是，则需设置对应控件的状态。同时此方法中还需处理控件的单击事件，具体代码请扫描下方二维码。

6-6-1

# 6.2 用 户 管 理

## 任务综述

项目的用户管理模块主要用于创建用户账号和管理用户信息。用户注册成功后会跳转到“登录”界面，用户登录后可以修改密码以及设置密保，且只有设置过密保的账户才可以找回密码。本章将针对注册、登录、修改密码以及设置密保模块进行详细讲解。

【知识点】

- ImageView 控件、EditText 控件、Button 控件。
- SharedPreferences 的使用。
- setResult(RESULT_OK,data)方法的使用。

【技能点】

- 掌握“注册”“登录”等界面的设计和逻辑构思。
- 通过 SharedPreferences 实现数据的存取功能。
- 通过 setResult(RESULT_OK,data)方法实现界面间数据的回传。

## 【任务 6-7】“注册”界面

**【任务分析】**

“注册”界面用于输入用户注册信息，在“注册”界面中需要 3 个 EditText 控件，分别用于输入用户名、密码和再次确认密码，当单击“注册”按钮后完成用户注册。“注册”界面效果如图 6-3 所示。

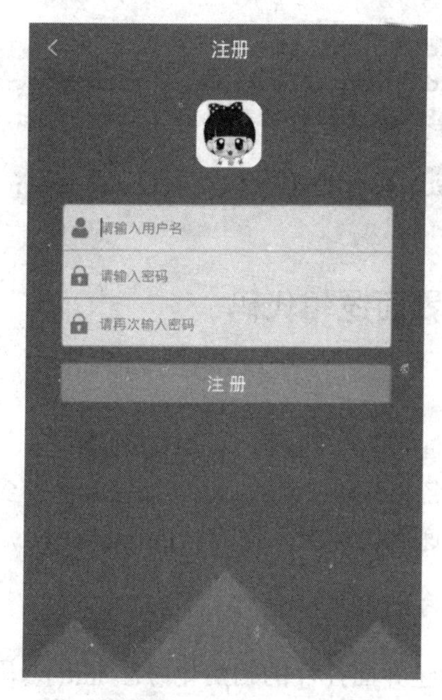


图 6-3　“注册”界面

**【任务实施】**

（1）创建“注册”界面

在 cn.dgpt.netnews.activity 包中创建一个 Empty Activity 类，名为 RegisterActivity，并将布局文件名指定为 activity_register。在该布局文件中，通过<include>标签将 main_title_bar.xml（标题栏）引入。

（2）导入界面图片

将“注册”界面所需界面图片导入 drawable 文件夹中。

（3）放置界面控件

在布局文件中，放置 1 个 ImageView 控件，用于显示用户头像；3 个 EditText 控件，用于输入用户名、密码、再次输入密码；1 个 Button 控件作为注册按钮。具体代码请扫描下方二维码。

6-7-1

（4）创建背景选择器

将 register_icon_normal.png 和 register_icon_selected.png 图片导入 drawable 文件夹中，并在该文件夹中创建“注册”按钮的背景选择器 register_selector.xml。当单击该按钮时显

示灰色图片（register_icon_selected.png），当按钮弹起时显示橙色图片（register_icon_normal.png），具体代码如下：

```
1 <?xml version="1.0" encoding="utf-8"?>
2 <selector xmlns:android="http://schemas.android.com/apk/res/android">
3     <item android:drawable="@drawable/register_icon_selected" android:
state_pressed="true"/>
4     <item android:drawable="@drawable/register_icon_normal"/>
5 </selector>
```

## 【任务 6-8】“注册”界面逻辑代码

**【任务分析】**

在“注册”界面单击“注册”按钮后，需要获取用户名、用户密码和再次确认密码，当两次密码相同时，将用户名和密码（经过 MD5 加密）保存到 SharedPreferences 中。当注册成功之后需要将用户名传递到“登录”界面（LoginActivity 目前还未创建）中。

**【任务实施】**

（1）获取界面控件

在 RegisterActivity 中创建界面控件的初始化方法 init()，用于获取“注册”界面所要用到的控件以及实现控件的单击事件。

（2）保存注册信息到 SharedPreferences 中

在 RegisterActivity 中创建一个 savcRegisterInfo()方法，将注册成功的用户名和密码（经过 MD5 加密）保存到 SharedPreferences 中。具体代码请扫描下方二维码。

6-8-1

第 57~90 行代码主要是处理单击“注册”按钮逻辑。当单击“注册”按钮时，首先获取 3 个 EditText 控件（用户名、密码、再次输入密码）的输入值，判断它们是否为空，密码和再次输入的密码是否一致，用户名是否已经存在，之后将用户名和密码（MD5 加密之后的密码）保存到 SharedPreferences 中。具体代码如下：

```
57          btn_register.setOnClickListener(new View.OnClickListener() {
58              @Override
59              public void onClick(View v) {
60                  //获取输入在相应控件中的字符串
61                  getEditString();
62                  if(TextUtils.isEmpty(userName)){
63                      Toast.makeText(RegisterActivity.this, "请输入用户名", Toast.
LENGTH_SHORT).show();
64                      return;
```

```
65              }else if(TextUtils.isEmpty(psw)){
66                  Toast.makeText(RegisterActivity.this, "请输入密码", Toast.
LENGTH_SHORT).show();
67                  return;
68              }else if(TextUtils.isEmpty(pswAgain)){
69                  Toast.makeText(RegisterActivity.this, "请再次输入密码",
Toast.LENGTH_SHORT).show();
70                  return;
71              }else if(!psw.equals(pswAgain)){
72                  Toast.makeText(RegisterActivity.this, "输入两次的密码不一样",
Toast.LENGTH_SHORT).show();
73                  return;
74              }else if(isExistUserName(userName)){
75                  Toast.makeText(RegisterActivity.this, "此账户名已经存在",
Toast.LENGTH_SHORT).show();
76                  return;
77              }else{
78                  Toast.makeText(RegisterActivity.this, "注册成功", Toast.
LENGTH_SHORT).show();
79                  //把账号、密码和账号标识保存到sp里面
80                  saveRegisterInfo(userName, psw);
81                  //注册成功后把账号传递到LoginActivity.java中
82                  Intent data =new Intent();
83                  data.putExtra("userName", userName);
84                  setResult(RESULT_OK, data);
85                  RegisterActivity.this.finish();
86              }
87          }
88      });
89  }
90  /**
```

第 82～85 行代码是调用回传数据的方法 setResult(RESULT_OK, data)把注册成功的用户名传递到“登录”界面。具体代码如下：

```
82                  Intent data =new Intent();
83                  data.putExtra("userName", userName);
84                  setResult(RESULT_OK, data);
85                  RegisterActivity.this.finish();
```

第 101～109 行代码用于判断用户名是否已经存在，通过输入的用户名查询 SharedPreferences 中是否已经存在该用户。具体代码如下：

```
101     private boolean isExistUserName(String userName){
102         boolean has_userName=false;
103         SharedPreferences sp=getSharedPreferences("loginInfo", MODE_
PRIVATE);
104         String spPsw=sp.getString(userName, "");
105         if(!TextUtils.isEmpty(spPsw)) {
```

```
106            has_userName=true;
107        }
108        return has_userName;
109    }
```

第 113～121 行代码用于 MD5 加密，通过调用 MD5Encoder 的 md5()方法对密码进行加密，之后将用户名和密码保存到 SharedPreferences 中。具体代码如下：

```
113    private void saveRegisterInfo(String userName, String psw){
114        String md5Psw= MD5Encoder.md5(psw);//把密码用 MD5 加密
115        //loginInfo 表示文件名
116        SharedPreferences sp=getSharedPreferences("loginInfo", MODE_
PRIVATE);
117        SharedPreferences.Editor editor=sp.edit();//获取编辑器
118        //以用户名为 key，密码为 value 保存在 SharedPreferences 中
119        editor.putString(userName, md5Psw);
120        editor.commit();//提交修改
121    }
```

## 【任务 6-9】“登录”界面

### 【任务分析】

“登录”界面主要是为用户提供一个登录的入口，在“登录”界面中用户可以输入用户名和密码，单击“登录”按钮。若用户还未注册，可以单击“立即注册”进入“注册”界面；若用户忘记密码，则可以单击“找回密码”进入“找回密码”界面（“找回密码”界面尚未创建）。“登录”界面效果如图 6-4 所示。

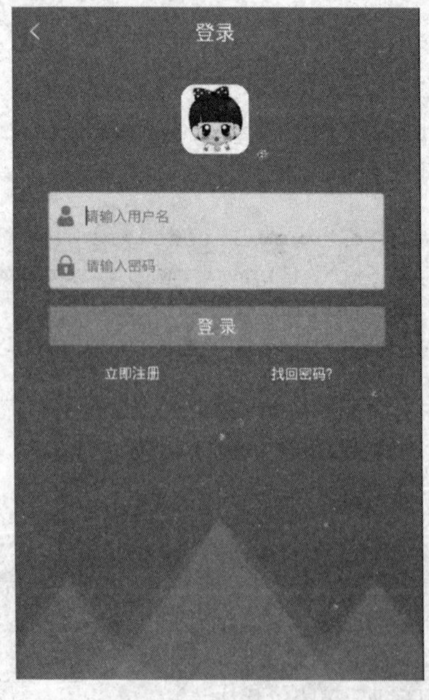


图 6-4　“登录”界面

**【任务实施】**

（1）创建“登录”界面

在 cn.dgpt.netnews.activity 包中创建一个 Empty Activity 类，名为 LoginActivity，并将布局文件名指定为 activity_login。在该布局文件中，通过<include>标签将 main_title_ bar.xml（标题栏）引入。

（2）导入界面图片

将“登录”界面所需界面图片导入 drawable 文件夹中。

（3）放置界面控件

在布局文件中，放置 1 个 ImageView 控件，用于显示用户头像；2 个 EditText 控件，用于输入用户名、密码；1 个 Button 控件作为登录按钮；2 个 TextView 控件，分别用于显示文字“立即注册”和“找回密码”。具体代码请扫描下方二维码。

6-9-1

## 【任务 6-10】“登录”界面逻辑代码

**【任务分析】**

当单击“登录”按钮时，需要先判断用户名和密码是否为空，若为空则提示请输入用户名和密码；若不为空则获取用户输入的用户名，由于项目用户用的是本地数据，因此根据用户名在 SharedPreferences 中查询是否有对应的密码，如果有对应的密码并且与用户输入的密码（需 MD5 加密）比对一致，则登录成功。

**【任务实施】**

（1）获取界面控件

在 LoginActivity 中创建界面控件的初始化方法 init()，用于获取“登录”界面所要用的控件并设置登录按钮、返回按钮、立即注册、找回密码的单击事件。

（2）获取回传数据

重写 onActivityResult()方法，通过 data.getStringExtra()方法获取注册成功的一个用户名，并将其显示在用户名控件上。

（3）保存登录状态到 SharedPreferences 中

由于在创建“我”的界面时，需要根据登录状态来设置界面的图标和用户名，因此，需要创建 saveloginStatus()方法，在登录成功后把登录状态和用户名保存到 SharedPreferences 中。具体代码请扫描下方二维码。

6-10-1

第 51、52 行代码主要是调用 startActivityForResult(intent, 1)方法跳转到“注册”界面，目的是从“注册”界面回传数据到“登录”界面。第一个参数 intent 是数据载体，第二个参数 requestCode 是请求码，一般是大于或等于 0 的整数。具体代码如下：

```
51              Intent intent=new Intent(LoginActivity.this,
RegisterActivity.class);
52              startActivityForResult(intent, 1);
```

第 64～95 行代码用于实现单击登录，当单击“登录”按钮时，获取用户输入的用户名和密码，若用户名或密码为空，则提示用户输入用户名或密码。若输入的密码与 SharedPreferences 中保存的密码一致，则保存用户的登录状态，并将登录成功的状态发送到 MainActivity。具体代码如下：

```
64          btn_login.setOnClickListener(new View.OnClickListener() {
65              @Override
66              public void onClick(View v) {
67                  userName=et_user_name.getText().toString().trim();
68                  psw=et_psw.getText().toString().trim();
69                  String md5Psw= MD5Encoder.md5(psw);
70                  spPsw=readPsw(userName);
71                  if(TextUtils.isEmpty(userName)){
72                      Toast.makeText(LoginActivity.this, "请输入用户名", Toast.
LENGTH_SHORT).show();
73                      return;
74                  }else if(TextUtils.isEmpty(psw)){
75                      Toast.makeText(LoginActivity.this, "请输入密码", Toast.
LENGTH_SHORT).show();
76                      return;
77                  }else if(md5Psw.equals(spPsw)){
78                      Toast.makeText(LoginActivity.this, "登录成功", Toast.
LENGTH_SHORT).show();
79                      //保存登录状态
80                      saveLoginStatus(true, userName);
81                      Intent data=new Intent();
82                      data.putExtra("isLogin",true);
83                      setResult(RESULT_OK,data);
84                      LoginActivity.this.finish();
85                      return;
86                  }else if((spPsw!=null&&!TextUtils.isEmpty(spPsw)
&&!md5Psw.equals(spPsw))){
87                      Toast.makeText(LoginActivity.this, "输入的用户名和密码不一致",
Toast.LENGTH_SHORT).show();
88                      return;
89                  }else{
90                      Toast.makeText(LoginActivity.this, "此用户名不存在", Toast.
LENGTH_SHORT).show();
```

```
91                }
92            }
93        });
94    }
95    /**
```

第 105～112 行代码的作用是当用户登录成功后，把登录状态和登录的用户名保存到 SharedPreferences 中。具体代码如下：

```
105    private void saveLoginStatus(boolean status,String userName){
106        //loginInfo 表示文件名
107        SharedPreferences sp=getSharedPreferences("loginInfo", MODE_
PRIVATE);
108        SharedPreferences.Editor editor=sp.edit();  //获取编辑器
109        editor.putBoolean("isLogin", status);  //存入 boolean 类型的登录状态
110        editor.putString("loginUserName", userName); //存入登录状态时的用户名
111        editor.commit();                          //提交修改
112    }
```

第 115～123 行代码的作用是获取“注册”界面回传过来的用户名，设置用户名到 et_user_name 控件上，并调用 et_user_name 控件的 setSelection()方法设置光标位置。具体代码如下：

```
115        super.onActivityResult(requestCode, resultCode, data);
116        if(data!=null){
117            //从“注册”界面传递过来的用户名
118            String userName =data.getStringExtra("userName");
119            if(!TextUtils.isEmpty(userName)){
120                et_user_name.setText(userName);
121                //设置光标的位置
122                et_user_name.setSelection(userName.length());
123            }
```

## 【任务 6-11】“用户管理”界面

**【任务分析】**

根据任务综述可知设置界面有两个功能，分别为修改密码、设置密保，界面效果如图 6-5 所示。

**【任务实施】**

（1）创建“登录”界面

在 cn.dgpt.netnews.activity 包中创建一个 Empty Activity 类，名为 UserManagerActivity，并将布局文件名指定为 activity_user_manager。在该布局文件中，通过<include>标签将 main_title_bar.xml（标题栏）引入。

图 6-5 “用户管理”界面

（2）放置界面控件

在布局文件中，放置 3 个 View 控件，用于显示 3 条灰色分隔线；2 个 ImageView 控件，用于显示右边的箭头图片；2 个 TextView 控件，用于显示界面文字（修改密码、设置密保）。具体代码请扫描下方二维码。

6-11-1

## 【任务 6-12】“用户管理”界面逻辑代码

**【任务分析】**

在设置界面中添加单击事件，当单击“修改密码”时跳转到“修改密码”界面，当单击“设置密保”时跳转到“设置密保”界面。

**【任务实施】**

在 UserManagerActivity 中创建界面控件的初始化方法 init()，用于获取设置界面所要用到的控件以及设置后退按钮、修改密码和设置密保的单击事件。具体代码请扫描下方二维码。

6-12-1

第 46～53 行代码用于设置修改密码的单击事件，当单击“修改密码”时跳转到“修改密码”界面（“修改密码”界面暂未创建）。具体代码如下：

```
46         //修改密码的单击事件
47         rl_modify_psw.setOnClickListener(new View.OnClickListener() {
48             @Override
49             public void onClick(View v) {
50                 Intent intent=new Intent(UserManagerActivity.this,
ModifyPswActivity.class);
51                 startActivity(intent);
52             }
53         });
```

第 55～62 行代码用于设置密保的单击事件，当单击“设置密保”时跳转到“设置密保”界面（“设置密保”界面暂未创建）。具体代码如下：

```
55         rl_security_setting.setOnClickListener(new View.OnClickListener() {
56             @Override
57             public void onClick(View v) {
58                 Intent intent=new Intent(UserManagerActivity.this,
FindPswActivity.class);
59                 intent.putExtra("from", "security");
60                 startActivity(intent);
61             }
62         });
```

## 【任务 6-13】“修改密码”界面

### 【任务分析】

“修改密码”界面主要是让用户在必要时修改自己的原始密码，从而保证用户信息的安全性，界面效果如图 6-6 所示。

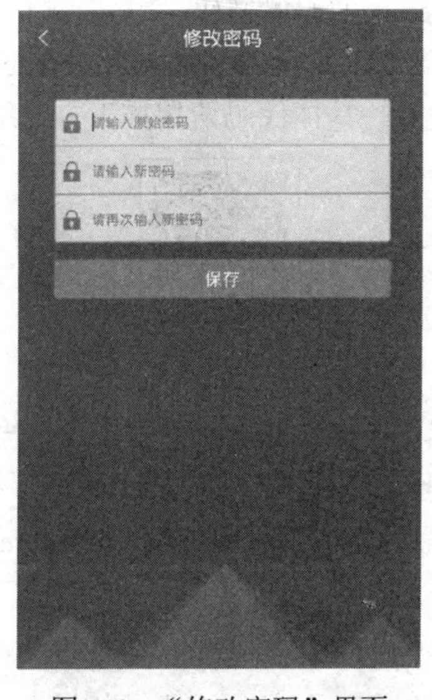


图 6-6 “修改密码”界面

【任务实施】

（1）创建“登录”界面

在cn.dgpt.netnews.activity包中创建一个Empty Activity类，名为ModifyPswActivity，并将布局文件名指定为activity_modify_psw。在该布局文件中，通过<include>标签将main_title_bar.xml（标题栏）引入。

（2）放置界面控件

在布局文件中，放置3个EditText控件，用于输入用户名、密码、再次输入密码；1个Button控件作为保存按钮。具体代码请扫描下方二维码。

6-13-1

## 【任务6-14】“修改密码”界面逻辑代码

【任务分析】

根据图6-6可知，“修改密码”界面主要用于输入原始密码、输入新密码、再次输入新密码。输入的原始密码与从SharedPreferences中读取的原始密码必须一致，输入的新密码与原始密码不能相同，再次输入的新密码与输入的新密码必须相同。以上条件都符合之后，单击“保存”按钮提示新密码设置成功，同时修改SharedPreferences中的原始密码。

【任务实施】

（1）获取界面控件

在ModifyPswActivity中创建界面控件的初始化方法init()，用于获取“修改密码”界面所要用到的控件以及设置后退按钮和“保存”按钮的单击事件。

（2）修改SharedPreferences中的原始密码

由于设置新密码成功时需要修改保存在SharedPreferences中的原始密码，因此需要创建modifyPsw()方法来实现此功能。具体代码请扫描下方二维码。

6-14-1

第49～82行代码用于设置“保存”按钮的单击事件，当单击“保存”按钮时需要验证原始密码是否正确，之后需要验证新输入的密码是否相同，同时需要保证新密码和原始密码不能相同。最后将修改成功后的密码保存到SharedPreferences中，同时页面跳转到“登录”界面。具体代码如下：

```
49        btn_save.setOnClickListener(new View.OnClickListener() {
50            @Override
```

```
51          public void onClick(View v) {
52              getEditString();
53              if (TextUtils.isEmpty(originalPsw)) {
54                  Toast.makeText(ModifyPswActivity.this, "请输入原始密码",
Toast.LENGTH_SHORT).show();
55                  return;
56              } else if (!MD5Encoder.md5(originalPsw).equals(readPsw())) {
57                  Toast.makeText(ModifyPswActivity.this, "输入的密码与原始密码
不一致", Toast.LENGTH_SHORT).show();
58                  return;
59              } else if(MD5Encoder.md5(newPsw).equals(readPsw())){
60                  Toast.makeText(ModifyPswActivity.this, "输入的新密码与原始密
码不能一致", Toast.LENGTH_SHORT).show();
61                  return;
62              } else if (TextUtils.isEmpty(newPsw)) {
63                  Toast.makeText(ModifyPswActivity.this, "请输入新密码",
Toast.LENGTH_SHORT).show();
64                  return;
65              } else if (TextUtils.isEmpty(newPswAgain)) {
66                  Toast.makeText(ModifyPswActivity.this, "请再次输入新密码",
Toast.LENGTH_SHORT).show();
67                  return;
68              } else if (!newPsw.equals(newPswAgain)) {
69                  Toast.makeText(ModifyPswActivity.this, "两次输入的新密码不一
致", Toast.LENGTH_SHORT).show();
70                  return;
71              } else {
72                  Toast.makeText(ModifyPswActivity.this, "新密码设置成功",
Toast.LENGTH_SHORT).show();
73                  //修改登录成功时保存在 SharedPreferences 中的密码
74                  modifyPsw(newPsw);
75                  Intent intent = new Intent(ModifyPswActivity.this,
LoginActivity.class);
76                  startActivity(intent);
77                  SettingActivity.instance.finish();
78                  ModifyPswActivity.this.finish();
79              }
80          }
81      });
82  }
```

第94～100行代码用于将新密码保存到SharedPreferences中。具体代码如下：

```
94  private void modifyPsw(String newPsw){
95      String md5Psw= MD5Encoder.md5(newPsw);          //把密码用 MD5 加密
96      SharedPreferences sp=getSharedPreferences("loginInfo", MODE_
PRIVATE);
97      SharedPreferences.Editor editor=sp.edit();   //获取编辑器
98      editor.putString(userName, md5Psw);          //保存新密码
99      editor.commit();                              //提交修改
100 }
```

第 104～108 行代码用于获取 SharedPreferences 中的原始密码。具体代码如下：

```
104     private String readPsw(){
105         SharedPreferences sp=getSharedPreferences("loginInfo",
MODE_PRIVATE);
106         String spPsw=sp.getString(userName, "");
107         return spPsw;
108     }
```

（3）修改设置界面

由于“修改密码”界面是通过设置界面跳转的，因此需要找到任务 6-12 中 UserManagerActivity.java 文件中的 init()方法，在注释“//跳转到‘修改密码’界面”下方添加如下代码：

```
1       Intent intent=new Intent(UserManagerActivity.this,
ModifyPswActivity.class);
2       startActivity(intent);
```

## 【任务 6-15】“设置密保”与“找回密码”界面

### 【任务分析】

“设置密保”界面主要用于输入要设为密保的姓名，“找回密码”界面可以根据用户当前输入的用户名和设为密保的姓名是否相同来找回密码，界面效果如图 6-7 所示。

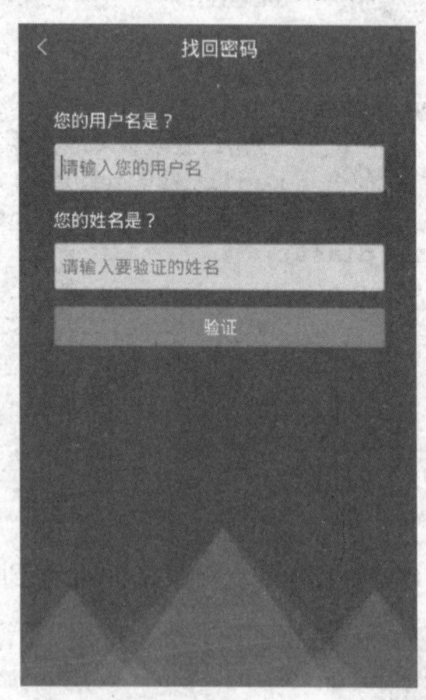


图 6-7　“设置密保”和“找回密码”界面

### 【任务实施】

（1）创建“登录”界面

在 cn.dgpt.netnews.activity 包中创建一个 Empty Activity 类，名为 FindPswActivity，并

将布局文件名指定为 activity_find_psw。在该布局文件中，通过<include>标签将 main_title_bar.xml（标题栏）引入。将界面所需图片 find_psw_icon.png 导入 drawable 文件夹中。

（2）放置界面控件

在布局文件中，放置 2 个 EditText 控件，用于输入用户名和姓名；3 个 TextView 控件，1 个用于显示密码（此控件暂时隐藏），其余 2 个分别用于显示“您的用户名是？”和“您的姓名是？”文字；1 个 Button 控件作为验证按钮。具体代码请扫描下方二维码。

6-15-1

第 8～32 行代码将显示提示文本的 TextView 和用于输入用户名的 EditText 设为隐藏状态，通过属性 android:visibility="gone"，当跳转到“找回密码”界面时，通过代码将这两个控件设为显示。具体代码如下：

```
8     <TextView
9        android:id="@+id/tv_user_name"
10        android:layout_width="fill_parent"
11        android:layout_height="wrap_content"
12        android:layout_marginLeft="35dp"
13        android:layout_marginRight="35dp"
14        android:layout_marginTop="35dp"
15        android:text="您的用户名是？"
16        android:textColor="@android:color/white"
17        android:textSize="18sp"
18        android:visibility="gone" />
19     <EditText
20        android:id="@+id/et_user_name"
21        android:layout_width="fill_parent"
22        android:layout_height="48dp"
23        android:layout_marginLeft="35dp"
24        android:layout_marginRight="35dp"
25        android:layout_marginTop="10dp"
26        android:background="@drawable/find_psw_icon"
27        android:hint="请输入您的用户名"
28        android:paddingLeft="8dp"
29        android:maxLines="1"
30        android:textColor="#000000"
31        android:textColorHint="#a3a3a3"
32        android:visibility="gone" />
```

## 【任务 6-16】“设置密保”与“找回密码”界面逻辑代码

【任务分析】

根据任务综述可知，“设置密保”和“找回密码”界面用的是同一个 Activity，这个

Activity 主要是根据从“用户管理”和“登录”界面传递过来的 from 参数的值来判断要跳转到哪个界面，若值为 security 则处理的是“设置密保”界面，否则处理的就是“找回密码”界面。“设置密保”界面的逻辑主要是将用户输入的姓名保存到 SharedPreferences 中，“找回密码”界面的逻辑主要是把 SharedPreferenccs 中用户名对应的原始密码修改为“123456”。

**【任务实施】**

（1）获取界面控件

在 FindPswActivity 中创建界面控件的初始化方法 init()，用于获取“修改密码”界面所要用到的控件以及设置后退按钮、“保存”按钮的单击事件。

（2）保存密保

由于在“设置密保”界面需要将用户输入的姓名保存到 SharedPreferences 中，因此要创建 saveSecurity 方法来保存。

（3）将初始化密码保存到 SharedPreferences 中

在“找回密码”界面，创建 isExistUserName()方法来判断用户输入的用户名是否存在，若存在，则创建 readSecurity()方法来获取此用户之前设置过的密保，若用户输入的密保和从 SharedPreferences 中获取的密保一致，则创建 savePsw()方法把此用户原来的密码保存为“123456”（由原来的密码不能获取明文，因此重置此账户的密码为初始密码“123456”）。具体代码请扫描下方二维码。

6-16-1

第 46～52 行代码通过 from 判断当前是哪个界面，若是“设置密保”界面，则将界面标题栏设置为“设置密保”；若为“找回密码”界面，则将界面标题栏设为“找回密码”，同时将输入用户名的 EditText 控件和其相应的 TextView 控件设为显示状态。具体代码如下：

```
46        if("security".equals(from)){
47            tv_main_title.setText("设置密保");
48        }else{
49            tv_main_title.setText("找回密码");
50            tv_user_name.setVisibility(View.VISIBLE);
51            et_user_name.setVisibility(View.VISIBLE);
52        }
```

第 61～72 行代码用于设置密保，当单击“验证”按钮时，若 from 的值与 security 相同时，则进入设置密保逻辑。首先判断设置密保输入框是否为空，若为空则提示用户输入姓名，若不为空则将密保信息保存到 SharedPreferences 中。具体代码如下：

```
61            public void onClick(View v) {
62                String validateName=et_validate_name.getText().toString().
trim();
```

```
63                  if("security".equals(from)){//设置密保
64                      if(TextUtils.isEmpty(validateName)){
65                          Toast.makeText(FindPswActivity.this, "请输入要验证的姓名",
Toast.LENGTH_SHORT).show();
66                          return;
67                      }else{
68                          Toast.makeText(FindPswActivity.this, "密保设置成功",
Toast.LENGTH_SHORT).show();
69                          //保存密保到 SharedPreferences
70                          saveSecurity(validateName);
71                          FindPswActivity.this.finish();
72                      }
```

第 74～92 行代码用于找回密码，当输入的用户名和密保正确时，将显示密保的 TextView 控件设为可见，并显示初始密码为“123456”，同时将初始化后的密码进行保存。具体代码如下：

```
74                  String userName=et_user_name.getText().toString().
trim();
75                  String sp_security=readSecurity(userName);
76                  if(TextUtils.isEmpty(userName)){
77                      Toast.makeText(FindPswActivity.this, "请输入您的用户名",
Toast.LENGTH_SHORT).show();
78                      return;
79                  }else if(!isExistUserName(userName)){
80                      Toast.makeText(FindPswActivity.this, "您输入的用户名不存
在", Toast.LENGTH_SHORT).show();
81                      return;
82                  }else if(TextUtils.isEmpty(validateName)){
83                      Toast.makeText(FindPswActivity.this, "请输入要验证的姓名
", Toast.LENGTH_SHORT).show();
84                      return;
85                  }if(!validateName.equals(sp_security)){
86                      Toast.makeText(FindPswActivity.this, "输入的密保不正确",
Toast.LENGTH_SHORT).show();
87                      return;
88                  }else{
89                      //输入的密保正确，重新给用户设置一个密码
90                      tv_reset_psw.setVisibility(View.VISIBLE);
91                      tv_reset_psw.setText("初始密码：123456");
92                      savePsw(userName);
```

第 101～104 行代码用于将初始密码“123456”保存到 SharedPreferences 中。具体代码如下：

```
101     private void savePsw(String userName){
102         String md5Psw= MD5Encoder.md5("123456");//把密码用 MD5 加密
```

```
103         PrefUtils.setString(this,"loginInfo",userName,md5Psw);
104     }
```

（4）修改“登录”界面

由于“找回密码”界面是通过“登录”界面跳转的，因此需要找到任务 6-10 中 LoginActivity.java 文件中的 init()方法，在注释“//找回密码控件的单击事件”下方添加如下代码：

```
1       Intent intent=new Intent(LoginActivity.this,FindPswActivity.class);
2       startActivity(intent);
```

## 【任务 6-17】“个人资料”界面

**【任务分析】**

“个人资料”界面主要用于展示用户的个人信息，包括头像、用户名、昵称、性别和签名，界面效果如图 6-8 所示。

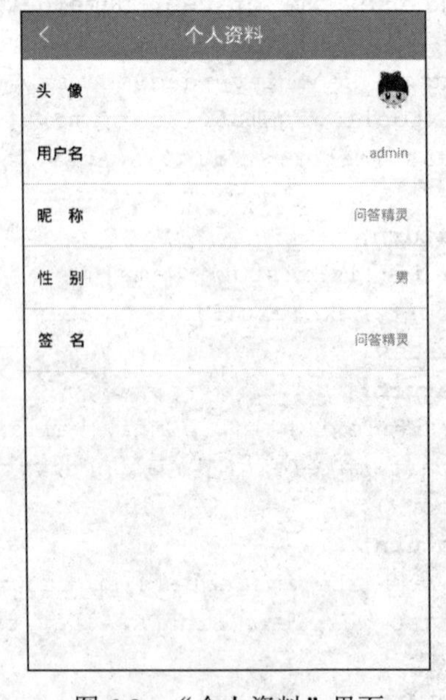


图 6-8　“个人资料”界面

**【任务实施】**

（1）创建“登录”界面

在 cn.dgpt.netnews.activity 包中创建一个 Empty Activity 类，名为 UserInfoActivity，并将布局文件名指定为 activity_user_info。在该布局文件中，通过<include>标签将 main_title_bar.xml（标题栏）引入。

（2）放置界面控件

在布局文件中，放置 1 个 ImageView 控件显示头像；5 个 TextView 控件显示每行标题（头像、用户名、昵称、性别、签名）；4 个 TextView 控件显示对应的属性值；5 个 View

控件显示 5 条灰色分隔线。具体代码请扫描下方二维码。

6-17-1

## 【任务 6-18】创建 UserBean

**【任务分析】**

用户具有用户名、昵称、性别等信息，为了便于后续对这些属性进行操作，创建一个 UserBean 类来存放这些属性。

**【任务实施】**

选中 cn.dgpt.netnews.bean 包，在该包下创建一个 bean 包，在 bean 包中创建一个 Java 类，命名为 UserBean。在该类中创建用户所需属性，具体代码如下：

```
1 package cn.dgpt.netnews.bean;
2 public class UserBean {
3     //用户名
4     public String userName;
5     //昵称
6     public String nickName;
7     //性别
8     public String sex;
9     //签名
10     public String signature;
11 }
```

## 【任务 6-19】创建用户信息表

**【任务分析】**

在“个人资料”界面中，由于经常会对用户信息进行保存和更新，因此需要创建一个数据库来对用户信息进行操作，便于后续数据的显示和更新。用户包含用户名、昵称、性别和签名信息，因此需要在数据库中创建与之对应的表。

**【任务实施】**

（1）创建 SQLiteHelper 类

选中 cn.dgpt.netnews 包，在该包下创建一个 sqlite 包。在 sqlite 包中创建一个 Java 类，命名为 SQLiteHelper 并继承 SQLiteOpenl-Iclper 类，同时重写 onCreate()方法，该类用于创建 dgptnews.db 数据库。

（2）创建个人信息表

由于“个人资料”界面的数据需要单独的一个表来存储，因此，在 onCreate()方法中通过执行一个创建表的 SQL 语句来创建用户信息表。具体代码请扫描下方二维码。

6-19-1

第 13～24 行代码用于创建个人信息表，表中所含的信息与用户所具有的信息相对应。具体代码如下：

```
13    public void onCreate(SQLiteDatabase db) {
14        /**
15         * 创建个人信息表
16         */
17        db.execSQL("CREATE TABLE  IF NOT EXISTS " + U_USERINFO + "( "
18                + "_id INTEGER PRIMARY KEY AUTOINCREMENT, "
19                + "userName VARCHAR, "//用户名
20                + "nickName VARCHAR, "//昵称
21                + "sex VARCHAR, "//性别
22                + "signature VARCHAR"//签名
23                + ")");
24    }
```

## 【任务 6-20】DBUtils 工具类

【任务分析】

当读取用户资料或者对用户信息进行更改时需要对数据库进行操作，因此创建一个 DBUtils 工具类专门用于操作数据库。通过 DBUtils 类可以读取数据库中保存的用户信息，将用户的个人信息保存到数据库中，以及对数据库中保存的用户信息进行修改。

【任务实施】

在 cn.dgpt.netnews.sqlite 包中创建一个 Java 类，命名为 DBUtils。在 DBUtils 类中，分别创建 getUserInfo()、updateUserInfo()和 saveUserInfo()方法来获取、修改和保存个人资料信息。具体代码请扫描下方二维码。

6-20-1

第 24～31 行代码用于将个人资料保存到数据库中，首先创建 ContentValues 对象，通过 ContentValues 对象的 put()方法放入用户属性，最后调用 insert()方法将用户属性保存到数据库中。具体代码如下：

```
24    public void saveUserInfo(UserBean bean) {
25        ContentValues cv = new ContentValues();
26        cv.put("userName", bean.userName);
27        cv.put("nickName", bean.nickName);
28        cv.put("sex", bean.sex);
29        cv.put("signature", bean.signature);
30        db.insert(SQLiteHelper.U_USERINFO, null, cv);
31    }
```

第 35～49 行代码用于获取个人资料，第 37 行代码是用于查询数据库的 SQL 语句，第 40～47 行代码用于将查询到的个人信息存放到 UserBean 对象中。最后返回一个包含个人资料信息的 UserBean 对象给方法调用者。具体代码如下：

```
35    public UserBean getUserInfo(String userName) {
36        String sql = "SELECT * FROM " + SQLiteHelper.U_USERINFO + " WHERE 
userName=?";
37        Cursor cursor = db.rawQuery(sql, new String[]{userName});
38        UserBean bean = null;
39        while (cursor.moveToNext()) {
40            bean = new UserBean();
41            bean.userName=cursor.getString(cursor.getColumnIndex
("userName"));
42            bean.nickName=cursor.getString(cursor.getColumnIndex
("nickName"));
43            bean.sex=cursor.getString(cursor.getColumnIndex("sex"));
44            bean.signature=cursor.getString(cursor
45                    .getColumnIndex("signature"));
46        }
47        cursor.close();
48        return bean;
49    }
```

第 53～58 行代码用于修改个人资料，通过调用 ContentValues 对象的 update()方法修改数据库中的个人资料。具体代码如下：

```
53    public void updateUserInfo(String key, String value, String userName) {
54        ContentValues cv = new ContentValues();
55        cv.put(key, value);
56        db.update(SQLiteHelper.U_USERINFO, cv, "userName=?",
57                new String[]{userName});
58    }
```

## 【任务 6-21】“个人资料”界面逻辑代码

### 【任务分析】

“个人资料”界面主要用于展示用户的相关信息，当进入“个人资料”界面时，首先查询数据库中的用户信息，并将信息展示到界面上。“个人资料”界面中的昵称、性别和签名是可以修改的，因此需要添加相应的监听事件，当单击“昵称”时跳转到“昵称修改”

界面，当单击“性别”时弹出“性别选择”界面，当单击“签名”时跳转到“签名修改”界面。

**【任务实施】**

（1）获取界面控件

在 UserInfoActivity 中创建界面控件的初始化方法 init()，获取“个人资料”界面所要用到的控件。

（2）设置单击事件

由于界面上除了用户名和头像之外其余属性值都可以修改，因此，需要为其余属性所在的条目设置单击事件。在 UserInfoActivity 类中实现 OnClickListener 接口，然后创建 setListener()方法，在该方法中设置昵称、性别、签名的单击监听事件并实现 OnClickListener 接口中的 onClick()方法。

（3）为界面控件设置值

创建一个 initData()方法用于从数据库中获取数据，如果数据库中的数据为空，则为此账号设置默认的属性值并保存到数据库中。具体代码请扫描下方二维码。

6-21-1

第 56～70 行代码用于获取用户数据，首先获取 UserBean 对象，之后判断 UserBean 对象是否为空，若为空，则为用户设置默认属性，最后将用户信息保存到数据库中。具体代码如下：

```
56      * 获取数据
57      */
58     private void initData() {
59        UserBean bean = null;
60        bean = DBUtils.getInstance(this).getUserInfo(spUserName);
61        //首先判断一下数据库是否为空
62        if (bean == null) {
63           bean = new UserBean();
64           bean.userName=spUserName;
65           bean.nickName="问答精灵";
66           bean.sex="男";
67           bean.signature="问答精灵";
68           //保存用户信息到数据库
69           DBUtils.getInstance(this).saveUserInfo(bean);
70        }
```

第 93～109 行代码设置控件的单击事件，当单击“昵称”时跳转到“昵称修改”界面（“昵称修改”界面尚未创建），当单击“性别”时弹出“性别选择”界面，当单击“签名”时跳转到“签名修改”界面（“签名修改”界面尚未创建）。具体代码如下：

```
93     */
94     @Override
95     public void onClick(View v) {
96         switch (v.getId()) {
97             case R.id.tv_back://返回键的单击事件
98                 this.finish();
99                 break;
100            case R.id.rl_nickName://昵称的单击事件
101                String name = tv_nickName.getText().toString();//获取昵称控件
上的数据
102                Bundle bdName = new Bundle();
103                bdName.putString("content", name);    //传递界面上的昵称数据
104                bdName.putString("title", "昵称");
105                bdName.putInt("flag", 1);//flag 传递 1 时表示是修改昵称
106                enterActivityForResult(ChangeUserInfoActivity.class,
107                        CHANGE_NICKNAME, bdName);       //跳转到个人资料修改界面
108                break;
109            case R.id.rl_sex://性别的单击事件
```

（4）修改“我”的界面代码

由于“个人资料”界面是通过“我”的界面跳转的，因此需要在任务 6-6 中 MyFragment.java 文件中的 initView()方法，在注释“//已登录跳转到‘个人资料’界面”下方添加如下代码，并导入对应的包。具体代码如下：

```
1      //已登录跳转到“个人资料”界面
2      intent=new Intent(getActivity(),UserInfoActivity.class);
3      getActivity().startActivity(intent);
```

# 6.3 设　　置

## 任务综述

在开发应用程序时，有时会有选项设置界面，通常可以使用 SharePreference 以键值对的形式进行保存。Android 提供了 PreferenceActivity。PreferencesActivity 是 Android 中专门用来实现程序设置界面及参数存储的一个 Activity。

我们只要使 Activity 继承 PreferenceActivity，PreferenceActivity 会处理选项的读写。从 Android 3.0 开始，官方不推荐单独使用 PreferenceActivity，而是建议 PreferenceActivity 与 PreferenceFragment 结合使用。其中，PreferenceActivity 负责加载选项配置列表的布局文件；PreferenceFragment 负责加载选项配置的布局文件。本节就详细介绍 PreferenceActivity 与 PreferenceFragment 结合使用实现设置功能。

【知识点】

- ❑ PreferenceActivity、PreferenceFragment。
- ❑ DialogPreference、ListPreference。

【技能点】

- ❑ 带 ToolBar 的 PreferenceActivity 使用。
- ❑ PreferenceFragment 的使用。
- ❑ 自定义 DialogPreference。
- ❑ 清除缓存。

## 【任务 6-22】“设置”界面

【任务分析】

根据综述，PreferenceActivity 负责加载选项配置列表的布局文件，PreferenceFragment 负责加载选项配置的布局文件，所以有两个界面布局，一个是配置列表的布局文件，还有一个是加载选项配置的布局文件，最终的界面效果如图 6-9 所示。

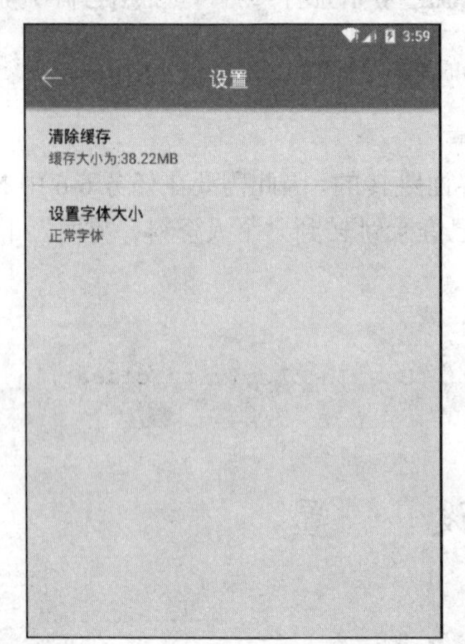


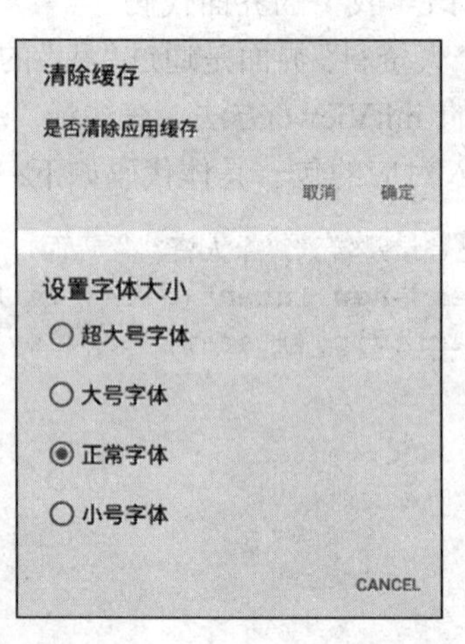


图 6-9 “设置”界面

【任务实施】

（1）配置列表的布局

配置列表的布局主要是添加一个 ListView，最后 Preference 布局在 ListView 中，这个 ListView 的 id 必须为"@android:id/list"，此 ListView 最终会放在布局 PreferenceScreen 所占的地方，外层的 FrameLayout 是一个容器，最后在里面替换 PreferenceFragment。具体代码请扫描下方二维码。

6-22-1

（2）PreferenceScreen 的布局

PreferenceScreen 的对象是根目录，在其中会包含 CheckBoxPreference、EditTextPreference、ListPreference、PreferenceCategory、RingtonePreference、DialogPreference，由于设置的界面是使用 Preference 而不是 View 来创建的，需要特殊的 Activity 或者 Fragment 的子类来显示，可以在运行时创建 Preference，也可以通过在 XML 中定义 Preference，每一个 Preference 的子类都可以用 XML 中的元素来定义，在 res/xml/文件夹中创建一个文件，如 preference_setting.xml，具体代码如下：

```
1 <?xml version="1.0" encoding="utf-8"?>
2 <PreferenceScreen xmlns:android="http://schemas.android.com/apk/res/
android"
3     android:divider="@null"
4     android:dividerHeight="0px">
5     <cn.dgpt.netnews.widget.MyDialogPreference
6         android:dialogIcon="@android:drawable/ic_dialog_alert"
7         android:dialogMessage="是否清除应用缓存"
8         android:key="clear_cache"
9         android:negativeButtonText="@string/cancel"
10         android:positiveButtonText="@string/ok"
11         android:title="清除缓存" />
12     <ListPreference
13         android:defaultValue="2"
14         android:entries="@array/array_text_size_title"
15         android:entryValues="@array/array_text_size_value"
16         android:key="text_size"
17         android:title="设置字体大小" />
18 </PreferenceScreen>
```

DialogPreference 是抽象方法，所以需要自定义一个 MyDialogPreference 去继承它才能使用，不能像 Preference、EditTextPreference 等直接用来定义。

第 14、15 行的 entries 属性和 entryValues 属性来源于自定义数组。具体代码如下：

```
1  <string-array name="array_text_size_title">
2      <item>超大号字体</item>
3      <item>大号字体</item>
4      <item>正常字体</item>
5      <item>小号字体</item>
6  </string-array>
7  <string-array name="array_text_size_value">
8      <item>0</item>
9      <item>1</item>
10     <item>2</item>
11     <item>3</item>
12 </string-array>
```

第 5～11 行使用了自定义的 MyDialogPreference，具体代码请扫描下方二维码。

6-22-2

我们设置了回调接口 OnDialogClick 在 SettingFragment 中实现。

## 【任务 6-23】PreferenceActivity 逻辑代码

**【任务分析】**

PreferenceActivity 主要负责加载选项配置列表的布局文件，但是由于我们需要实现一个带 ToolBar 的 PreferenceActivity，所以使用的是 AppCompatDelegate 的兼容增强版的 AppCompatPreferenceActivity，这样就可以较为完美地在 PreferenceActivity 中加上 ToolBar。

**【任务实施】**

（1）工具栏设置

工具栏设置主要是初始化 Toolbar，设置 Toolbar 的返回按钮单击事件。

（2）加载选项配置列表的布局

在 PreferenceActivity 首先需要使用 setContentView 方法加载列表布局，然后利用 FragmentTransaction 把 PreferenceFragment 加载到 PreferenceActivity 中，显示设置的真正界面，完成设置。具体代码请扫描下方二维码。

6-23-1

## 【任务 6-24】清除缓存工具类

**【任务分析】**

清除缓存工具类是 Android 较为常用的工具类，主要包括清除内/外缓存、清除数据库、清除 SharePreference、清除文件、删除文件、格式化单位等功能。

**【任务实施】**

清除缓存工具类的主要方法列表如下。

- ❑ cleanInternalCache(Context)：清除本应用内部缓存。
- ❑ cleanDatabases(Context)：清除本应用所有数据库。
- ❑ cleanSharePreference(Context)：清除本应用 SharePreference。
- ❑ cleanDatabaseByName(Context,String)：按名字清除本应用数据库。

- ❑ cleanFiles(Context)：清除 files 下的内容。
- ❑ cleanExternalCache(Context)：清除外部缓存下的内容。
- ❑ cleanCustomCache(String)：清除自定义路径下的文件。
- ❑ cleanApplicationData(Context context,String... filepath)：清除本应用所有的数据。
- ❑ deleteFilesByDirectory(File)：删除某个文件夹下的文件。
- ❑ getFolderSize(File)：获取当前文件夹的大小，包括文件夹中的文件夹。
- ❑ deleteFolderFile(String,boolean)：删除指定目录下的文件及目录。
- ❑ getFormatSize(double)：格式化单位。
- ❑ getCacheSize(File)：获取缓存文件的大小。

具体代码请扫描下方二维码。

6-24-1

## 【任务 6-25】Fragment 中清除缓存和设置字体

**【任务分析】**

PreferenceFragment 负责加载选项配置的布局文件，并用 PreferenceFragment 作为设置的主页面，在其中用 addPreferencesFromResource 方法加载一个 XML 文件，使用 XML 文件描述设置页面内有什么具体的设置项。一个个的设置项都是基于 Preference 类的，Preference 类要提供在设置页面的 View，并用 SharedPreferences 存储设置。

**【任务实施】**

（1）初始化布局

在 onCreate 方法中调用 addPreferencesFromResource 方法加载 xml 目录下的 preference_setting 资源，并完成 DialogPreference 和 ListPreference 的初始化。

```
1  addPreferencesFromResource(R.xml.preference_setting);
2  context = getActivity();
3  threadpool = ThreadManager.getThreadPool();
4  myDialogPreference = (MyDialogPreference) findPreference("clear_cache");
5  listPreference = (ListPreference) findPreference("text_size");
6  sharedPreferences = PreferenceManager.getDefaultSharedPreferences
(getActivity());
```

（2）初始化变量

对字体大小进行变量的初始化，字体大小来源于数组 array_text_size_title，首先获取目前正在使用的字体大小，然后显示对应的字体大小标题，用 getAllCacheSize()获取目前已经使用缓存大小，并显示在清除缓存界面，当变更了 Preference 的内容之后，就可以在 Summary

中看见内容了。具体代码如下:

```
1 int text_size_value = Integer.valueOf(sharedPreferences.getString
("text_size", "2"));
2 text_size_title = getActivity().getResources().getStringArray(R.array.
array_text_size_title);
3 listPreference.setSummary(text_size_title[text_size_value]);
4 threadpool.execute(new Runnable() {
5   @Override
6   public void run() {
7       final String chche = getAllCacheSize();
8       UIUtils.runOnUIThread(new Runnable() {
9          @Override
10         public void run() {
11             myDialogPreference.setSummary("缓存大小为:" + chche);
12         }
13       });
14   }
15 });
```

（3）设置监听

设置清除缓存对话框的单击事件监听，单击清除缓存调用 DataCleanManager 工具类的 cleanExternalCache()和 cleanInternalCache()方法可以清除所有缓存，并利用 setSummary()更新显示的数据，同时设置字号大小的监听。具体代码请扫描下方二维码。

6-25-1

# 6.4 关　于

## 任务综述

关于模块主要放置软件的基本简介、开发版本、联系人以及版权信息，比较简单，是用户了解软件情况的模块。

【知识点】

- ❑ LinearLayout 布局。
- ❑ ImageView、TextView 控件。

【技能点】

关于模块的实现。

## 【任务 6-26】关于界面

**【任务分析】**

根据综述，关于界面主要显示软件的简介以及版权信息，最终的界面效果如图 6-10 所示。

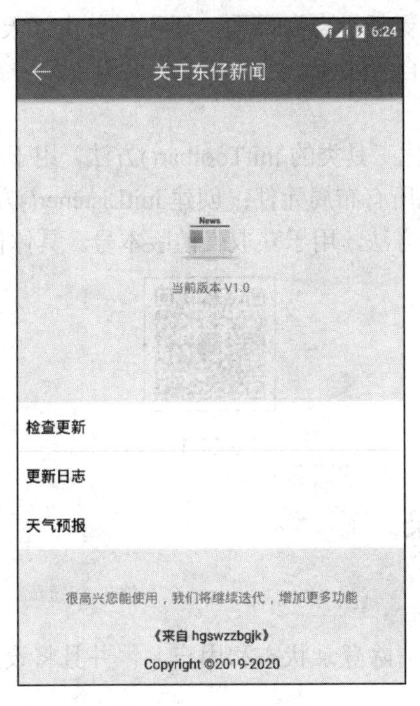


图 6-10　关于界面

**【任务实施】**

（1）创建登录界面

在 cn.dgpt.netnews.activity 包中创建一个 Empty Activity 类，名为 AboutActivity，并将布局文件名指定为 activity_about。在该布局文件中，通过<include>标签将 main_title_bar.xml（标题栏）引入。

（2）放置界面控件

在布局文件中，放置 2 个 View 控件，用于显示 2 条灰色分隔线；1 个 ImageView 控件，用于显示软件图标；7 个 TextView 控件，用于显示联系人、版权信息等内容。具体代码请扫描下方二维码。

6-26-1

## 【任务 6-27】关于界面逻辑代码

**【任务分析】**

在关于界面中添加单击事件，当单击“检查更新”时跳转到“软件更新”界面，当单击“更新日志”时跳转到“更新日志”界面，还可以单击“天气预报”，查看全国天气预报，这几个功能留待同学们自行实现。

**【任务实施】**

在关于界面中创建初始化工具类的 initToolbar()方法，用于显示工具类文字和返回按钮；创建 initView()方法，初始化所有布局元件；创建 initListener()方法，设置 3 个待实现功能的单击监听；创建 getVersion()方法，用于获取当前版本号。具体代码请扫描下方二维码。

6-27-1

## 【任务 6-28】退出登录

**【任务分析】**

当单击“退出登录”时清除登录状态和用户名，并且将设置用户名为单击登录。

**【任务实施】**

在 MyFragment 中 ListView 的单击事件监听方法中，当 position 为 4 时，表示用户单击了退出登录，运行 clearLoginStatus()方法就可以清除 SharedPreferences 中的登录状态和登录时的用户名，具体代码如下：

```
1 //退出登录
2 Toast.makeText(getActivity(), "退出登录成功", Toast.LENGTH_SHORT).show();
3 clearLoginStatus();                                    //清除登录状态和登录时的用户名
4 user_name.setText("单击登录");
5 break;
6 /**
7 * 清除 SharedPreferences 中的登录状态和登录时的用户名
8 */
9 private void clearLoginStatus(){
10    SharedPreferences sp=getSharedPreferences("loginInfo", Context.
MODE_PRIVATE);
11    SharedPreferences.Editor editor=sp.edit();      //获取编辑器
12    editor.putBoolean("isLogin", false);
13    editor.putString("loginUserName", "");
14    editor.commit();                                 //提交修改
15}
```

## 6.5 本章小结

本章主要讲解设置界面、修改密码、设置密保、找回密码，设置字体、清除缓存等功能。读者通过本章的学习，可以掌握界面的搭建过程以及简单的界面开发与数据存储。

## 6.6 习题

1．请简述 AIDL（Android Interface Definition Language，Android 接口定义语言）的工作原理以及实现步骤。

2．接口和抽象类有哪些区别？

# 第7章　项 目 上 线

学习目标

- ❑ 掌握项目打包流程，能够完成移动新闻客户端项目的打包。
- ❑ 掌握第三方加密软件的使用，能够通过第三方软件对新闻客户端项目进行加密。
- ❑ 掌握应用程序上传市场的流程，能够实现将新闻客户端项目上传至应用市场。

## 7.1　代 码 混 淆

任务综述

为了防止自己开发的程序被别人反编译，保护自己的劳动成果，一般情况下会对程序进行代码混淆。所谓代码混淆就是保持程序功能不变，将程序代码转换成一种难以阅读和理解的形式。代码混淆为应用程序增加了一层保护措施，但是并不能完全防止程序被反编译。接下来将对代码混淆进行详细的讲解。

【知识点】

- ❑ build.gradle 文件。
- ❑ proguard-rules.pro 文件。

【技能点】

- ❑ build.gradle 文件的分析。
- ❑ 混淆规则的应用。

### 【任务 7-1】修改 build.gradle 文件

**【任务分析】**

Android Studio 是采用 Gradle 来构建项目的。Gradle 是一个非常先进的项目构建工具，它使用了一种基于 Groovy 的领域特定语言（DSL）来声明项目设置，摒弃了传统基于 XML（如 Ant 和 Maven）的各种烦琐的配置。

项目中有两个 build.gradle 文件：一个是在最外层目录下的，一个是在 app 目录下的。这两个文件对构建 Android Studio 项目都起到了至关重要的作用。最外层目录下的 build.gradle 文件，通常情况下我们并不需要修改这个文件中的内容，除非我们想添加一些全局的项目构建配置。我们主要修改和分析 app 目录下的 build.gradle 文件。

**【任务实施】**

build.gradle 文件的 buildTypes 闭包用于指定生成安装文件的相关配置，通常只会有两个子闭包：一个是 debug，一个是 release。debug 闭包用于指定生成测试版本安装文件的配置，release 闭包用于指定生成正式版本安装文件的配置。一般的 debug 闭包是可以忽略不写的，因此我们看到就只有一个 release 闭包。release 闭包中 minifyEnable 用于指定是否对项目的代码进行混淆，true 表示混淆，false 表示不混淆。proguardFiles 用于指定混淆时试用的规则文件，这里指定了两个文件：第一个 proguard-android.txt 是在 Android SDK 目录下的，里面是所有项目通用的混淆规则；第二个 proguard-rules.pro 是在当前项目的根目录下的，里面可以编写当前项目特有的混淆规则。需要注意的是，通过 Android Studio 直接运行项目生产的都是测试版安装文件。具体代码请扫描下方二维码。

7-1-1

第 15～17 行代码用于代码混淆。其中，minifyEnabled 用于设置是否开启混淆，默认情况下为 false，需要开启混淆时设置为 true；shrinkResources 属性用于去除无用的 resource 文件；proguardFiles、getDefaultProguardFile 用于加载混淆的配置文件，在配置文件中包含混淆的相关规则。具体代码如下：

```
15        minifyEnabled true
16        shrinkResources true
17        proguardFiles getDefaultProguardFile('proguard-android.txt'),
'proguard-rules.pro'
```

## 【任务 7-2】编写 proguard-rules.pro 文件

**【任务分析】**

ProGuard 工具能够通过移除无用代码，使用简短无意义的名称来重命名类、字段和方法，从而能够达到压缩、优化和混淆代码的目的。其中，proguard-rules.pro 文件是用来制定混淆规则的文件。

**【任务实施】**

在进行代码混淆时需要指定混淆规则，如指定代码压缩级别、混淆时采用的算法、排除混淆的类等，这些混淆规则是在 proguard-rules. pro 文件中编写的。具体代码请扫描下方二维码。

7-2-1

从上述代码可以看出，在 proguard-rules.pro 文件中需要指定混淆时的一些属性，如代码压缩级别、是否使用大小写混合、混淆时的算法等。同时在文件中还需要指定排除哪些类不被混淆，如 Activity 相关类、四大组件、自定义控件等，这些类若被混淆，程序将无法找到该类，因此需要将这些内容进行排除。

## 【任务 7-3】查看 mapping.txt 文件

**【任务分析】**

mapping.txt 文件可以用它来翻译被混淆的代码，是非常重要的文件，它列出了原始的类，方法和字段名与混淆后代码间的映射，当从 release 版本中收到一个 Bug（缺陷）报告时，就需要查看该文件获取原始信息。

**【任务实施】**

当 build.gradle 文件和 proguard-rules.pro 文件编写完成后，就可以将项目进行打包。打包完成之后，会将代码中的类名、方法名进行混淆，混淆结果可以在项目所在路径下的\app\build\outputs\mapping\release 中的 mapping.txt 文件中看到。混淆结果代码如下：

```
1 android.support.design.R -> android.support.design.a:
2 android.support.design.R$anim -> android.support.design.a$a:
3   int abc_fade_in -> abc_fade_in
4   int abc_fade_out -> abc_fade_out
5   int abc_grow_fade_in_from_bottom -> abc_grow_fade_in_from_bottom
6   int abc_popup_enter -> abc_popup_enter
7   int abc_popup_exit -> abc_popup_exit
8   int abc_shrink_fade_out_from_bottom -> abc_shrink_fade_out_from_bottom
9   int abc_slide_in_bottom -> abc_slide_in_bottom
10   int abc_slide_in_top -> abc_slide_in_top
11   int abc_slide_out_bottom -> abc_slide_out_bottom
12   int abc_slide_out_top -> abc_slide_out_top
13   int design_bottom_sheet_slide_in -> design_bottom_sheet_slide_in
14   int design_bottom_sheet_slide_out -> design_bottom_sheet_slide_out
15   int design_fab_in -> design_fab_in
16   int design_fab_out -> design_fab_out
17   int design_snackbar_in -> design_snackbar_in
18   int design_snackbar_out -> design_snackbar_out
19 android.support.design.R$attr -> android.support.design.a$b:
```

上述代码列举出了 mapping.txt 文件中的一小段内容，从文件内容可以看出，当开启代码混淆之后，项目打包时会将类名、方法名混淆成 a, b, c, d 等难以解读的内容。这样做大大提高了程序的安全性。mapping.txt 文件的具体代码请扫描下方二维码。

7-3-1

# 7.2 项 目 打 包

## 任务综述

开发完一款 App 之后，需要对其进行打包，才可以发布供用户使用（release 版本）。为了项目的安全考虑，我们通常都会混淆自己的项目。但是混淆后的项目依然存在着被反编译的风险。所以为了项目安全，使用了 360 加固。加固完成后就可以通过不同的渠道发布自己的 App，以便更多人使用受益。

【知识点】

- ❑ 项目打包。
- ❑ 项目加固。
- ❑ 项目发布。

【技能点】

- ❑ 打包步骤。
- ❑ 加固步骤。
- ❑ 发布步骤。

## 【任务 7-4】打包步骤

**【任务分析】**

项目开发完成之后，如果要发布到互联网上供别人使用就需要将自己的程序打包成正式的 Android 安装包文件，简称 APK，其扩展名为 apk，接下来针对 Android 程序打包过程进行详细讲解。

**【任务实施】**

首先，在菜单栏中选择 Build→Generate Signed APK 命令，如图 7-1 所示。

进入 Generate Signed APK 对话框，如图 7-2 所示。

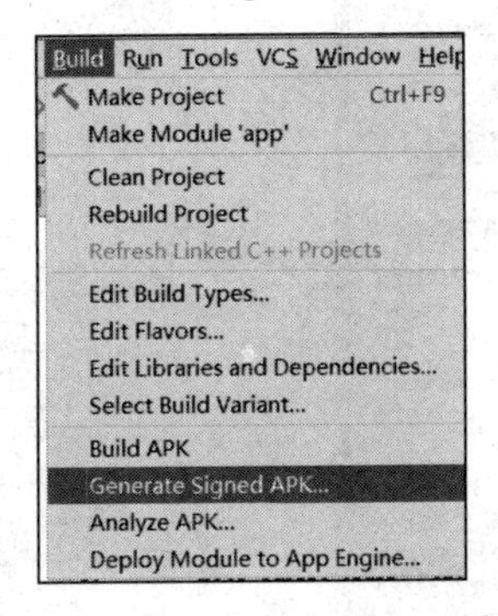


图 7-1 Generate Signed APK 命令

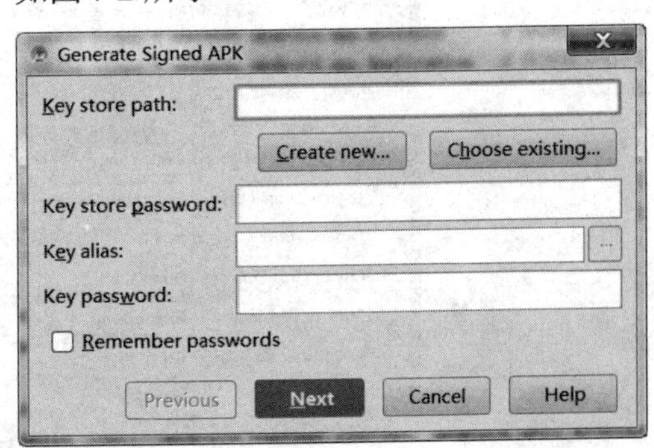


图 7-2 Generate Signed APK 对话框

在图 7-2 中，Key store path 选项用于选择程序证书地址，由于是第一次开发程序没有证书，因此需要创建一个新的证书。单击 Create new 按钮，进入 New Key Store 对话框，如图 7-3 所示。

在图 7-3 中，单击 Key store path 选项后的...按钮，进入 Choose keystore file 对话框，选择证书存放路径，如图 7-4 所示。

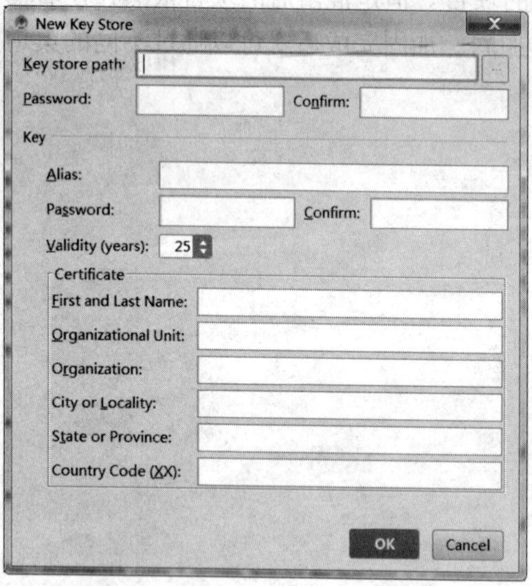

图 7-3　New Key Store 对话框

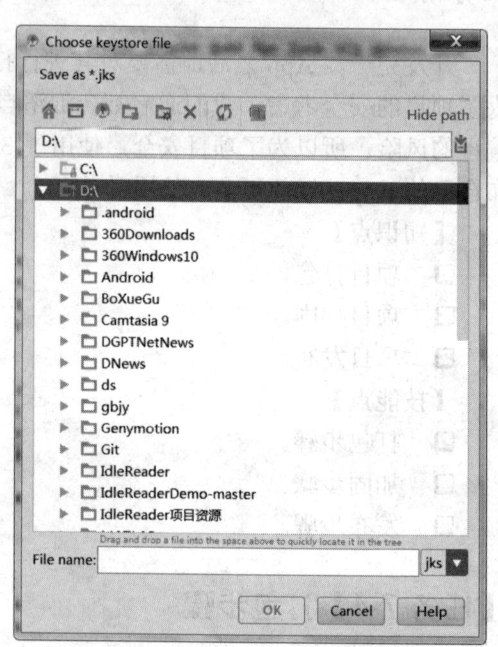


图 7-4　Choose keystore file 对话框

在图 7-4 中，选择证书存放路径后，在下方 File game 文本框中填写证书名称，单击 OK 按钮。此时，会返回到 New Key Store 对话框，然后填写相关信息，如图 7-5 所示。

图 7-5　在 New Key Store 对话框填写信息

在图 7-5 中，信息填写完毕之后，单击 OK 按钮，转到 Generate Signed APK 对话框，如图 7-6 所示。

在图 7-6 中，创建好的证书信息已经自动填写完毕，单击 Next 按钮，如图 7-7 所示。

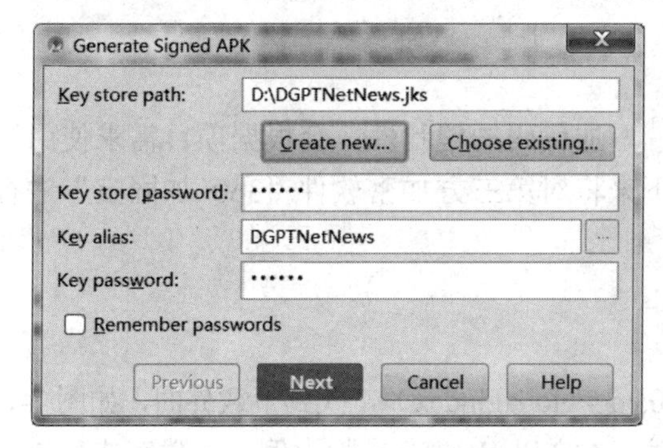


图 7-6　Generate Signed APK 对话框信息自动填写完毕

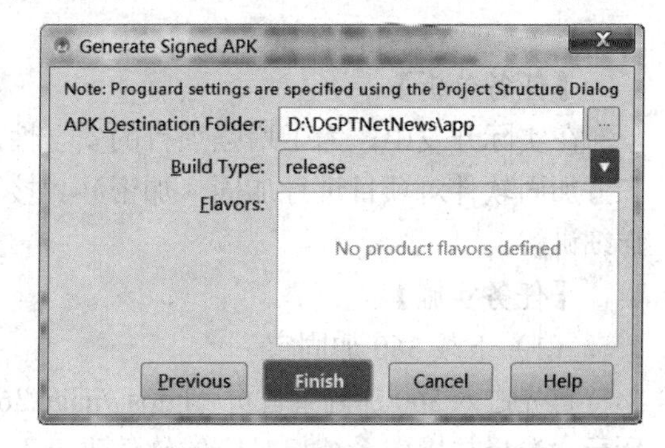


图 7-7　创建好的证书信息

在图 7-7 中，APK Destination Folder 表示 APK 文件路径，Build Type 表示构建类型（有两种：debug 和 release。其中 debug 通常称为调试版本，它包含调试信息，并且不做任何优化，便于程序调试。release 称为发布版本，往往进行了各种优化，以便用户更好地使用）。此处选择 release，然后单击 Finish 按钮，进入 Signed APK' s generated successfully 界面，如图 7-8 所示。

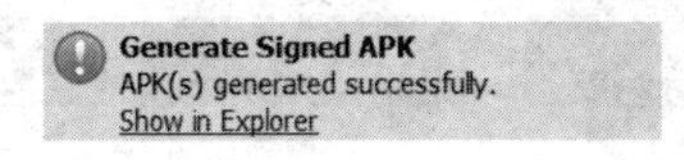


图 7-8　Signed APK' s generated successfully 界面

在图 7-8 中，单击 Show in Explorer 超链接，即可查看生成的 APK 文件，如图 7-9 所示。

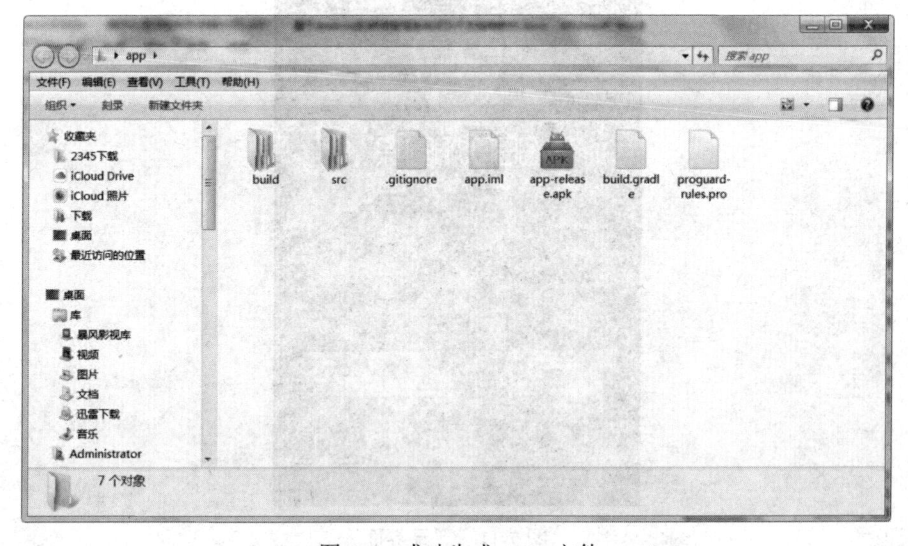


图 7-9　成功生成 APK 文件

至此，项目程序已成功完成打包。这个打包成功的程序能够在 Android 手机上进行安装运行，也能够放在市场中让其他人进行下载。

## 【任务 7-5】项目加固

**【任务分析】**

在实际开发中，为了增强项目的安全性，增加代码的健壮性，会根据项目需求使用第三方加固软件对项目进行加固（加密）。接下来将对第三方加密软件“360 加固宝”进行详细讲解。

**【任务实施】**

（1）下载 360 加固宝

首先进入 360 加固宝首页（https://jiagu.360.cn/#/global/index），找到下载界面，如图 7-10 所示。选择与操作系统相对应的软件进行下载，本文以 Windows 版为例。下载完成后进行解压，然后打开 360 加固助手，进入登录界面，如图 7-11 所示。

图 7-10　加固助手

图 7-11　登录界面

输入账号和密码，单击“登录”按钮，会进入“账号信息”填写界面，如图 7-12 所示。

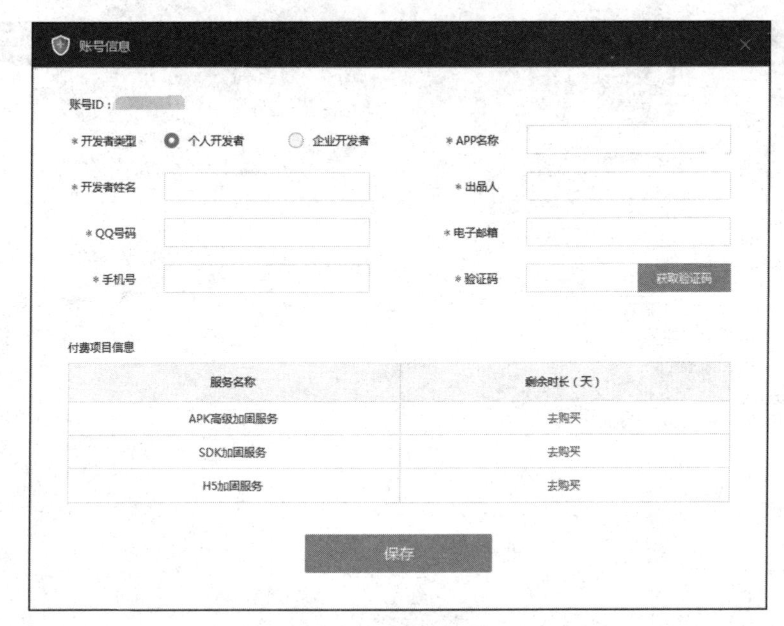


图 7-12 “账号信息”界面

填写完成账号信息之后单击“保存”按钮，会进入程序的主界面，如图 7-13 所示。

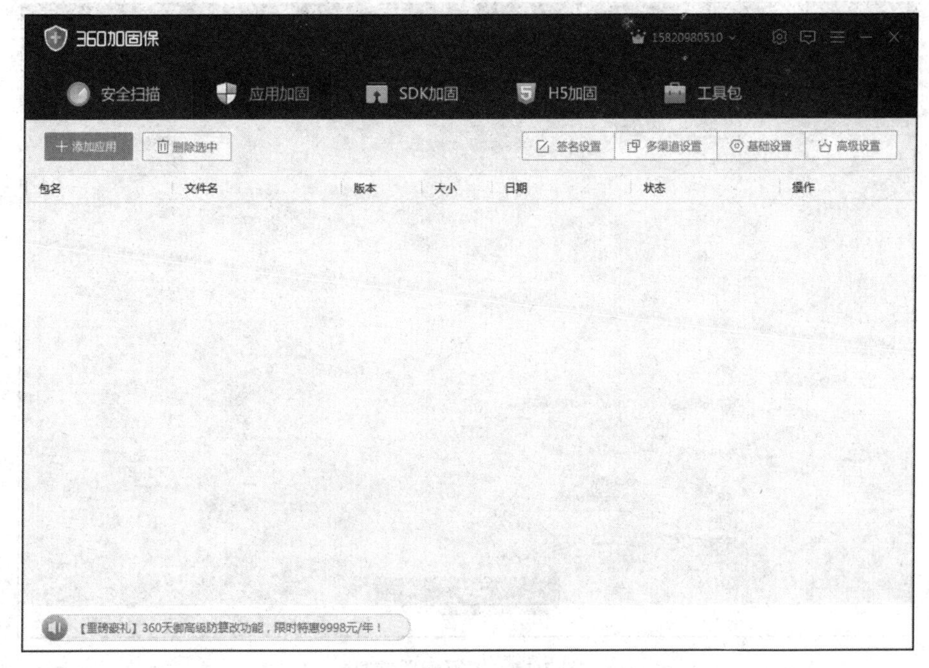


图 7-13 主界面

（2）配置信息

首先单击“签名设置”按钮进入“签名设置”界面，如图 7-14 所示。

在“签名设置”界面中选中“启用自动签名”复选框即可添加本地的 keystore 签名文件，选择文件路径（D: \DGPTNetNews.jks）并输入 keystore 密码，如图 7-15 所示。

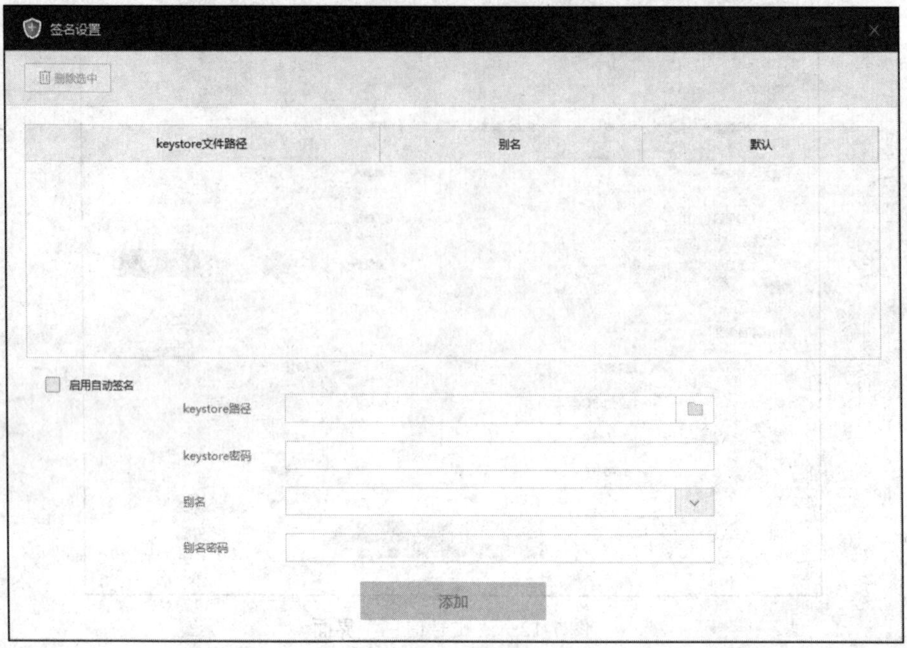

图 7-14　“签名设置”界面

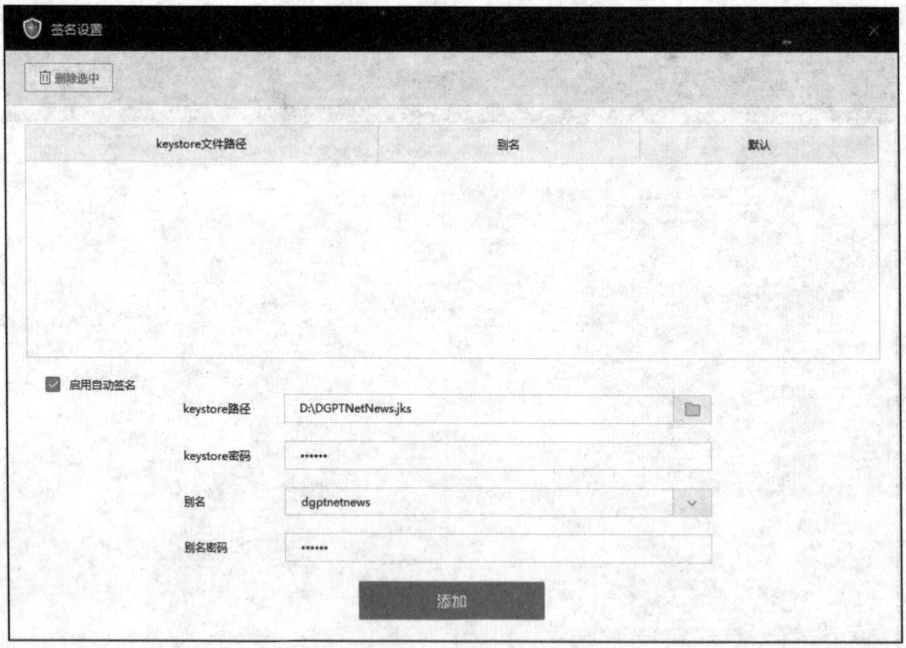

图 7-15　填写配置信息

在图 7-15 中填写完成配置信息后，单击“添加”按钮即可完成配置信息的添加，如图 7-16 所示。

单击主界面中的“多渠道设置”按钮可以进行多渠道打包，本章不做讲解，读者可以自行尝试。

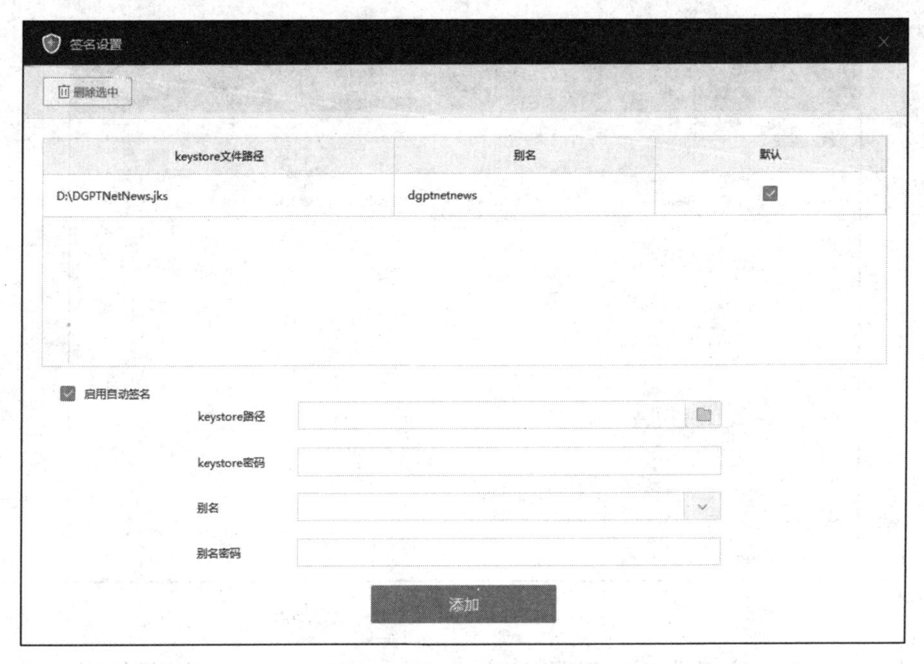


图 7-16　成功添加配置信息

（3）加固应用

接下来在主界面中单击“添加应用”按钮，选择需要加固的应用程序，如图 7-17 所示。

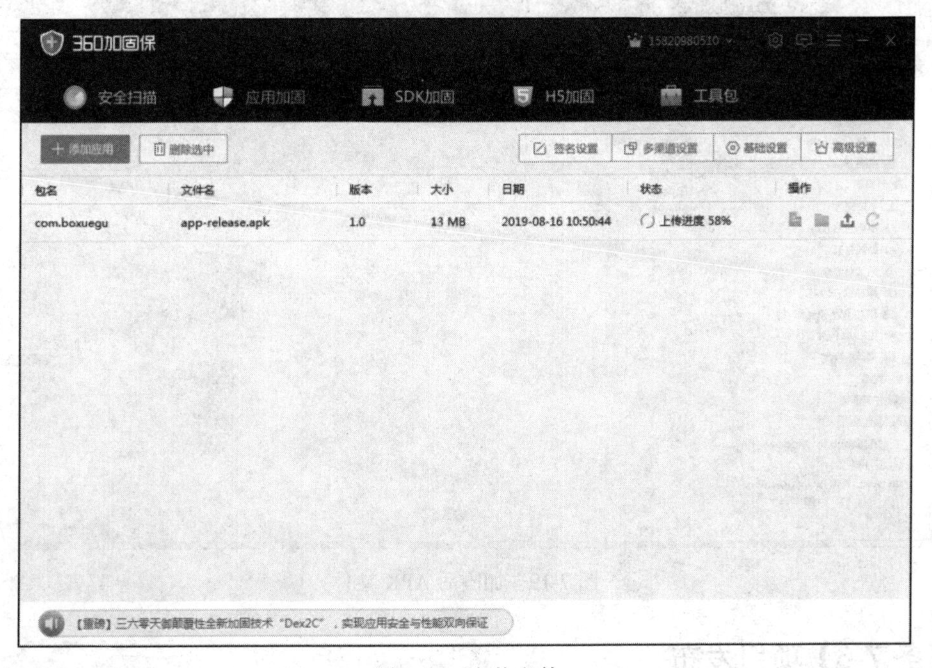


图 7-17　上传文件

从图 7-17 中可以看出，应用程序上传会处于“上传中”状态，当上传完成后会加固变成“任务完成”状态，如图 7-18 所示。

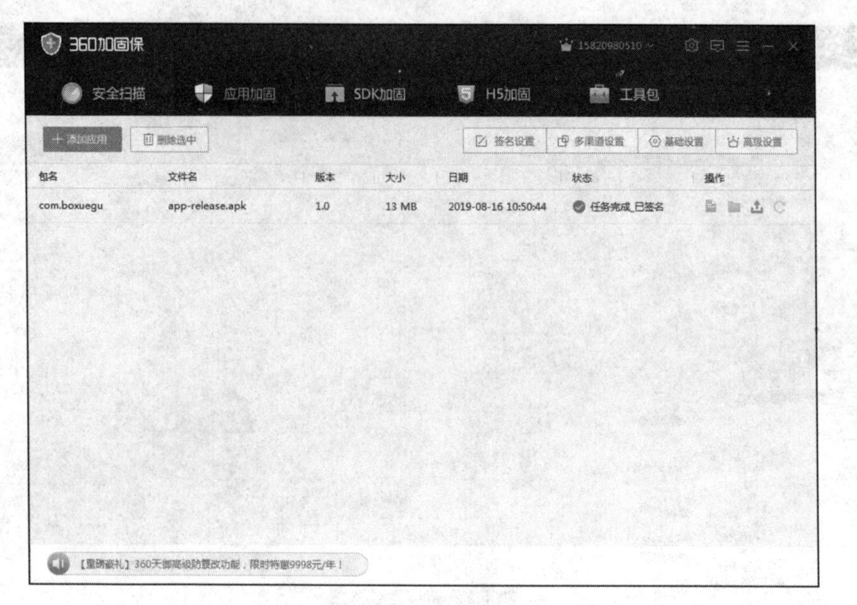


图 7-18　加固完成

至此，使用第三方工具加固应用程序全部完成。完成加固后的应用程序安全性更高。接下来将应用程序上传至应用市场即可供其他用户下载使用。

单击“输出路径”按钮就可以看到加固后的 APK 文件，如图 7-19 所示。

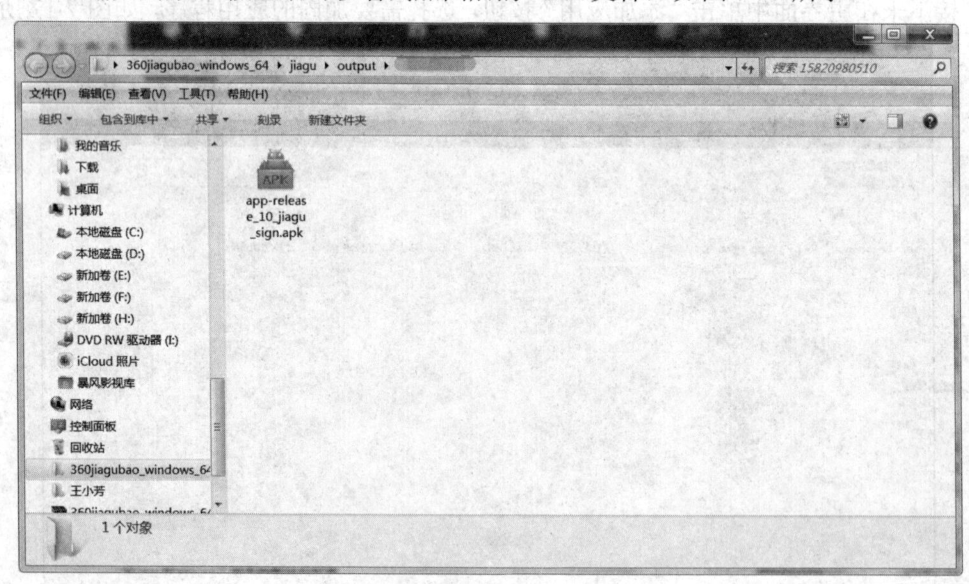


图 7-19　加固后 APK 文件

## 【任务 7-6】项目发布

### 【任务分析】

项目发布就是把项目的 APK 文件推送到大的 App 应用市场和应用商店供其他人下载。

App 应用市场指的是运营商，一般指 360 手机助手、安卓市场、91 助手、App Store 等，其实就是一个平台；App 应用商店一般针对主体是手机商，如华为、小米、vivo、OPPO、魅族、三星等，是指应用开发商（商户）的意思。

**【任务实施】**

第一，要注册各个市场的开发者账号。

第二，准备 App 的 APK 文件、名称、版本号，App 的简介 200 字左右，一句话简介 20 字以内，软件截图 4～5 张（240×320、480×800、320×800、460×960 等），适用平台，软件语言（英文、简体中文、繁体中文等），软件授权（免费、收费、部分收费等），软件类型，软件官网，软件在其他渠道的下载链接，开发者信息（姓名、QQ、电话、网址等），还要准备和各个市场友链。

第三，注册好开发者账号后，登录相应平台，找到应用发布按钮或页面，单击进入。选择需要发布的 App 应用类型，游戏软件则选择“游戏”，游戏外的软件统一选择“APP”。然后根据各个应用市场的规则上传文件。

第四，审核关注，产品在上传之后要保持密切关注。因为有的市场上传成功发邮件，上传不成功却不发邮件；有的成功不发邮件，不成功发邮件；还有的不管成功还是不成功都不发邮件。这就需要我们的开发人员保持密切关注，及时发现问题及时处理，避免浪费时间。

## 7.3　本 章 小 结

本章主要讲解了项目从打包到上线的全部流程，首先讲解了代码的混淆，使用代码混淆可以提高代码的安全性；之后讲解了项目打包、项目加固和发布市场，项目加固时使用了第三方的加密工具，对项目的加密提高了程序的稳固性；最后讲解了如何将应用程序发布到市场。读者需要对本章内容熟练掌握，为以后实际开发做好准备。

## 7.4　习　　题

1．Android 中如何自定义控件？
2．如何监听 EditText 控件中的数据变化？

# 参 考 文 献

[1] 黑马程序员．Android 移动应用基础教程[M]．北京：中国铁道出版社，2019．

[2] 刘望舒．Android 进阶解密[M]．北京：电子工业出版社，2020．

[3] 明日科技．Android 开发从入门到精通[M]．北京：清华大学出版社，2017．

[4] 范磊．Android 应用开发进阶[M]．北京：电子工业出版社，2018．

[5] 谭东．Android 开发进阶实战：拓展与提升[M]．北京：机械工业出版社，2020．

[6] 倪红军．Android 开发工程师案例教程[M]．北京：北京大学出版社，2019．

[7] 张亚运．Android 开发入门百战经典[M]．北京：清华大学出版社，2017．

[8] 许超，张晓军，赖炜．Android 开发技术[M]．北京：化学工业出版社，2018．

[9] 安辉．Android App 开发从入门到精通[M]．北京：清华大学出版社，2018．

[10] 肖琨，吴志祥，史兴燕，等．Android Studio 移动开发教程[M]．北京：电子工业出版社，2019．